Introduction
to Python

in Earth Science Data Analysis

Python
地球科学数据分析

从描述性统计到机器学习

［意］毛里齐奥·彼得雷利（Maurizio Petrelli） 著

李明巨 陶旸 王圣尧 译

人民邮电出版社

北 京

图书在版编目（CIP）数据

Python地球科学数据分析 /（意）毛里齐奥·彼得雷利（Maurizio Petrelli）著；李明巨，陶旸，王圣尧译. -- 北京：人民邮电出版社，2023.4
ISBN 978-7-115-60258-9

Ⅰ. ①P… Ⅱ. ①毛… ②李… ③陶… ④王… Ⅲ. ①软件工具－程序设计－应用－地球科学－数据处理－研究 Ⅳ. ①P-39

中国版本图书馆CIP数据核字(2022)第192299号

版权声明

♦ 著　　　[意] 毛里齐奥·彼得雷利（Maurizio Petrelli）
　　译　　　李明巨　陶旸　王圣尧
　　责任编辑　胡俊英
　　责任印制　王　郁　焦志炜

♦ 人民邮电出版社出版发行　　北京市丰台区成寿寺路 11 号
　　邮编　100164　电子邮件　315@ptpress.com.cn
　　网址　https://www.ptpress.com.cn
　　固安县铭成印刷有限公司印刷

♦ 开本：800×1000　1/16
　　印张：14.25　　　　　　　　　2023 年 4 月第 1 版
　　字数：277 千字　　　　　　　2023 年 4 月河北第 1 次印刷
　　著作权合同登记号　图字：01-2022-2656 号

定价：79.80 元

读者服务热线：(010)81055410　印装质量热线：(010)81055316
反盗版热线：(010)81055315
广告经营许可证：京东市监广登字 20170147 号

内容提要

随着计算机技术的发展，通过编写计算机程序来解决相关领域的难题已经成为人们普遍认同的解决方案。Python 语言凭借其简洁、高效的特点赢得了越来越多人的青睐。

本书旨在结合 Python 语言讲解其在地球科学数据分析方面的应用。本书内容分为 12 章，从搭建 Python 环境开始讲解，陆续介绍了一系列适用于地球科学领域的 Python 知识，不仅涉及基础的编程语法，也涵盖实际的编程案例及程序运行结果。本书还结合统计学知识演示了一系列数据分析及可视化案例，通过一些典型的案例和编程方法展现了高效的 Python 解决方案。

本书适合地球科学领域的师生阅读，也适合相关领域的科研工作者阅读，不要求读者有编程经验。

译者序

近年来，Python 语言和地理信息科学、地球科学等应用领域的结合愈加紧密，地学相关专业软件都相继推出了诸如 ArcPy 等专业化脚本编程模块。本书主要面向地球科学数据分析的实际应用进行设计，通过"概念解释→代码示例→应用示范"的模式进行组织，其间穿插了丰富的图表及代码示例，尤其适合初学者开展相关学习和研究。本书为方便读者的学习，同步介绍了微积分、概率论与数理统计等方面的知识，便于读者对地球科学数据分析背后的数学知识进行系统了解。

为进一步提升专业技术人员在地学数据分析方向的编程能力，在人民邮电出版社的邀请之下，江苏省基础地理信息中心结合业务工作实践经验对本书进行了翻译整理。本次译文保留了英文原版图书的体例风格，全书共五部分（共 12 章），其中，李明巨负责第一部分（第 1～3 章）的翻译，陶旸负责第二、三部分（第 4～8 章）的翻译，王圣尧负责第四、五部分（第 9～12 章）及附录的翻译。全书由李明巨负责统稿。江苏省基础地理信息中心刘善磊、张大骞高级工程师对本书关键代码进行了验证，河海大学苏红军教授、硕士研究生向源君、黄绮祯等对本书进行了全面细致的校对，人民邮电出版社编辑同志和相关专家也对本书提出了许多宝贵意见，在此一并表示感谢。

希望本书能起到抛砖引玉的作用，为国内从事地球科学数据分析相关应用研究的专业技术人员、研究生等提供参考。受译者水平所限，书中难免存在疏漏或不当之处，恳请同行及广大读者朋友们批评指正。

江苏省基础地理信息中心　李明巨

2023 年 1 月于江苏南京

序言

早在 2015 年，我就萌生了写本书的想法，那时候我开始在意大利佩鲁贾大学物理和地质系教"地球科学数据分析与解释"课程。刚开始上这门课的时候，我发现许多学生对利用 Python 进行数据管理、可视化和建模非常感兴趣，但市面上没有适合地质学的 Python 学习参考书。尽管介绍 Python 的书很多，也面向各层次的程序员（从初学者到专家），但它们大多只关注编程技术，没有讨论真正的应用，尤其是地质学方面的应用。换句话说，市面上缺少面向地球科学方面的 Python 专业图书。2018 年 12 月和 2020 年 2 月，我分别在匈牙利厄特沃什·罗兰大学和德国汉诺威大学给地球科学家们讲授 Python 基础课程时，写书这个想法才开始不断成熟，内容规划也渐成体系。令人遗憾的是，2020 年 3 月初，因受到新冠疫情的影响，意大利政府紧急封锁了全国所有学校，我只能和大部分意大利人一样待在家里。在人生中最困惑、最不安的时刻，我决定开始撰写本书。无论是学生，还是研究员，抑或是专家教授，任何希望利用 Python 进行可视化、分析和对地理数据进行建模的地球科学研究人员都可以参考本书，本书不要求读者具备任何编程经验。如果你正在地球科学领域学习或工作，还不熟悉编程，但又希望能够充分利用 Python 的强大功能，那么，恭喜你，本书非常适合你。

毛里齐奥·彼得雷利（Maurizio Petrelli）

2021 年 3 月

致谢

我想感谢所有在项目规划之初鼓励我、在写作过程中支持我的人。首先是 Diego Perugini，在我中断研究 3 年之后的 2014 年，他通过 Chronos 项目让我重启学术生涯。我还要感谢 Erasmus Plus（E+）项目，是它支持我在匈牙利和德国从事海外教学活动，感谢管理 E+项目的 Roberto Rettori 和 Sabrina Nazzareni，还有佩鲁贾大学的 Sonia Trinari 和 Francesca Buco，以及 Tiber Umbria Comett 教育计划（Maria Grazia Valocchia）的 E+项目主管人员。同时，也非常感谢汉诺威大学的 Francois Holtz 教授和厄特沃什·罗兰大学的 Szabolcs Harangi 教授，感谢他们允许我在他们的机构中开设"地球科学中的 Python"这门课程。佩鲁贾大学的物理和地质系通过 Engage FRB2019 项目支持了本书，我也对此表示感谢。衷心感谢我的家人，感谢他们对我的包容。最后，我真诚地感谢 Aviva Loew（学术语言专家）、Giuseppe la Spina、Eleonora Carocci 和 Diego González-García，感谢他们的批评与建议，让我受益匪浅。

写致谢之前，我手机上收到一条信息，通知我成功预约了 2021 年 3 月 4 日接种 COVID-19 疫苗，那天距离意大利政府封锁全国所有学校正好一年零一天。我把这条信息视为希望的信号。我希望，全球范围内正在开展的疫苗接种行动预示着我们的生活会开启珍贵的"新正常时代"，届时"抗击新冠疫情的时代"也会结束。现在应该是共鸣、合作和重生的时刻。

前言

自我介绍

你好，欢迎阅读本书，我叫 Maurizio Petrelli，目前在佩鲁贾大学物理和地质系工作。我致力于火山的岩石学特征研究，重点研究火山爆发前的动力学和时间尺度。在这方面，我将传统技术和创新技术结合。自 2002 年以来，我一直在实验室工作，致力于激光烧蚀电感耦合等离子体质谱（laser ablation inductively coupled plasma mass spectrometry, LA-ICP-MS）设备的开发。2006 年 2 月，我以题为《岩浆相互作用过程中的非线性动力学及其对岩浆杂化的影响》（"Nonlinear Dynamics in Magma Interaction Processes and their Implications on Magma Hybridization"）的论文获得了博士学位。目前，我正在物理和地质系开发一个新的研究方向，将机器学习技术应用于地质研究。此外，我还负责管理 LA-ICP-MS 实验室。

本书结构

本书共 5 个部分，外加 4 个附录。第一部分是"地质学家应知应会的 Python 基础知识"，重点介绍 Python 编程的基础知识，从搭建科学的计算环境到使用 Python 解决你的第一个地质问题。第二部分是"地质数据描述"，说明如何将单变量和双变量可视化（即绘制图表）并生成描述性统计数据。第三部分是"地质学中的积分与微分方程"，讨论积分和微分方程，重点讨论其在地质学中的各种应用。第四部分是"概率密度函数与误差分析"，讨论其在地球科学数据评价和建模中的应用。第五部分是"稳健统计与机器学习",讨论从统计学角度分析偏离正态分布的数据集的方法,以及机器学习技术在地球科学数据建模中的应用。

格式约定

在本书中,我使用约定来标识不同类型的信息。例如,正文中使用的 Python 语句、命令和变量都设置为斜体。

以下面引用的文本为例。

在 matplotlib 中有许多选项可以创建各式各样的子图。在我看来,最简单的方法之一是创建一个空的图形,比如先使用 *fig = plt.figure()*,然后使用 *fig.add_subplot(nrows, ncols, index)* 添加多个轴(即 *subplot*)。参数 *nrows*、*ncols* 和 *index* 分别表示行、列以及索引。其中,索引从左上角的 1 开始,向右增加。为了更好地理解,请参考代码清单 4.4 中的代码。

下面突出显示了一段 Python 代码。

代码清单 1　Python 代码列表示例

```
1   import pandas as pd
2
3   #Example 1
4   my_dataset1 = pd.read_excel('Smith_glass_post_NYT_data.xlsx',
5                               sheet_name='Supp_traces')
```

共享代码

本书提供的所有代码都在 Anaconda Individual Edition 2021.05(Python 3.8.8)上进行了测试,可以在异步社区网站和我的 GitHub 仓库(Petrellim)上找到。

参与合作

我始终对全球范围内的新合作持开放态度。请随时通过邮箱(maurizio.petrelli@unipg.it)与我联系,提出新的想法或合作意向。

服务与支持

本书由异步社区出品，社区（https://www.epubit.com）为您提供后续服务。

配套资源

本书提供配套资源，请在异步社区本书页面中点击 配套资源 ，跳转到下载界面，按提示进行操作即可。注意：为保证购书读者的权益，该操作会给出相关提示，要求输入提取码进行验证。

提交勘误信息

作者、译者和编辑尽最大努力来确保书中内容的准确性，但难免会存在疏漏。欢迎您将发现的问题反馈给我们，帮助我们提升图书的质量。

当您发现错误时，请登录异步社区，按书名搜索，进入本书页面，单击"发表勘误"，输入错误信息，单击"提交勘误"按钮即可，如下图所示。本书的作者和编辑会对您提交的错误信息进行审核，确认并接受后，您将获赠异步社区的 100 积分。积分可用于在异步社区兑换优惠券、样书或奖品。

与我们联系

我们的联系邮箱是 contact@epubit.com.cn。

如果您对本书有任何疑问或建议，请您发邮件给我们，并请在邮件标题中注明本书书名，以便我们更高效地做出反馈。

如果您有兴趣出版图书、录制教学视频，或者参与图书翻译、技术审校等工作，可以发邮件给我们；有意出版图书的作者也可以到异步社区投稿（直接访问 www.epubit.com/contribute 即可）。

如果您所在的学校、培训机构或企业想批量购买本书或异步社区出版的其他图书，也可以发邮件给我们。

如果您在网上发现有针对异步社区出品图书的各种形式的盗版行为，包括对图书全部或部分内容的非授权传播，请您将怀疑有侵权行为的链接通过邮件发送给我们。您的这一举动是对作者权益的保护，也是我们持续为您提供有价值的内容的动力之源。

关于异步社区和异步图书

"异步社区"是人民邮电出版社旗下 IT 专业图书社区，致力于出版精品 IT 图书和相关学习产品，为作译者提供优质出版服务。异步社区创办于 2015 年 8 月，提供大量精品 IT 图书和电子书，以及高品质技术文章和视频课程。更多详情请访问异步社区官网 https://www.epubit.com。

"异步图书"是由异步社区编辑团队策划出版的精品 IT 专业图书的品牌，依托于人民邮电出版社的计算机图书出版积累和专业编辑团队，相关图书在封面上印有异步图书的 LOGO。异步图书的出版领域包括软件开发、大数据、人工智能、测试、前端、网络技术等。

异步社区

微信服务号

目录

第三部分　地质学中的积分与微分方程

第四部分　概率密度函数与误差分析

第五部分　稳健统计与机器学习

第一部分
地质学家应知应会的
Python 基础知识

第 1 章
轻松搭建 Python 环境

1.1 Python 编程语言

Python 是一门高级、模块化的解释型编程语言。高级编程语言的特点是高度抽象，它不涉及计算机本身的细节，容易理解。Python 是模块化的，它支持使程序灵活和代码复用的模块和程序包。具体来说，Python 包括一个处理所有基本操作的"核心"，以及庞大的用于执行特定任务的专用程序包生态系统。需要说明的是，Python 包是代码中可以重复使用的部分，它是函数和模块（即一组函数）的集合，允许用户完成指定任务，比如读取 Excel 文件或者绘制可发布的图表。

Python 是一种解释型语言（同 MATLAB、Mathematica、Maple 和 R 一样）。相反，C 语言和 Fortran 则是编译型语言。编译型语言和解释型语言有什么区别呢？粗略来讲，在编译型语言中，编译器需要编译可执行文件中列出的每一句代码。编译成功后，任何目标计算机都可以直接运行该可执行文件。而解释型语言需要在每次执行过程中实时编译代码。对于编程初学者而言，两者的主要区别在于解释型语言的运行速度通常要比编译型语言慢。然而，在大多数日常操作中，性能早已不是问题。在复杂的流体动力学模拟或者三维（3D）图形应用等计算密集型任务中，性能的重要性日趋体现。如果需要，基于特定程序包支持，比如可以编译 Python 代码的 Numba 包等，Python 的性能可以得到显著改善。在这种情况下，Python 代码的运行速度可以接近 C 和 Fortran。

作为一种解释型语言，Python 凭借其快速的原型设计和极高的灵活性，促进了不同平台上代码的交换（即跨平台代码交换）。

吸引地球科学家们开始学习 Python 的原因是它有如下特点：（1）语法简单易学；（2）高度灵活；（3）拥有广大用户和开发者群体的支持；（4）免费、开源；（5）能提高个人技能的熟练程度。

1.2 编程范例

编程范例是编写代码的一种方式或通用方法。作为零阶近似，两种典型范例占主导地位：命令式和声明式。命令式编程主要关注"如何"解决问题，而声明式编程主要关注解决"什么"问题。以这两种范例为基础，程序员开发了许多派生范例，比如过程式、面向对象、函数式、逻辑式、面向切面等。根据项目的总体性质和工作的最终范围，你可以选择特定的编程范例来开发代码。针对并行计算，函数式编程提供了完善的框架。然而，考虑到关于编程范例的详尽介绍超出了本书的讨论范畴，所以我只阐述一些 Python 支持的范例。

Python 编程语言主要为面向对象编程而设计，尽管它也支持（不一定完全支持）纯命令式、过程式和函数式范例。

命令式。命令式编程是最古老、最简单的编程范例之一，我们只需向计算机提供一个定义好的指令序列。

过程式。过程式编程是命令式编程的一个子集，过程式编程并非简单提供一个指令序列，而是将部分代码存储在一个或多个过程（即子程序或函数）中。任何指定步骤都可以在程序执行期间的任意时间点被调用，允许代码组织和重复使用。

面向对象。与过程式编程一样，面向对象编程是命令式编程的一个子集（即演变）。在面向对象编程中，对象是关键元素。其优势是，与现实世界的实体（比如网站购物车等所见即所得的环境）保持紧密联系。

函数式。函数式编程是一种声明式编程。纯函数式范例将计算建立在评价数学函数的基础之上，非常适合高负载的并行计算应用程序。

本书将充分利用 Python 的灵活性，不会过多关注特定的代码样式或特定的范例。具体来说，对于简单的任务，所用范例仍以命令式为主，而对于更加高级的模型，代码所用范例会以过程式为主。此外，我们也受益于许多为 Python 开发的面向对象库（例如 pandas、matplotlib）。

1.3 本地 Python 环境

在个人计算机上搭建能够科学运行的 Python 环境主要有两种方法：（1）安装 Python 主程序并分别添加所有必需的科学包；（2）安装"即用型"Python 环境。你可以两者都尝试，但是我建议从方法（2）开始，因为它几乎不需要任何编程技能，你可以很快地准备好并且轻松地开始你的"Python 世界之旅"。

Anaconda Python 发行版是"即用型"Python 环境的样例之一。Anaconda 公司（前身是 Continuum Analytics）开发和维护的 Anaconda Python 发行版，包括一个免费版和两个付费版。其中免费版是个人版（也是我们的选择）；它易于安装且提供社区支持。**要安装 Anaconda Python 发行版的个人版，我建议参考官方文档给出的指引。**首先，下载并安装适合你的操作系统（即 Windows、mac OS 或者 Linux）的最新、稳定的安装程序。对 Windows 和 mac OS 操作系统来说，图形界面安装程序是可用的，安装过程与其他软件的一样。Anaconda 安装程序会自动安装 Python 主程序和 Anaconda Navigator，以及大约 250 个包，它们组成了一个完整的可以科学可视化、分析和建模的环境。根据需要，可以使用"conda"包管理系统，从 Anaconda 仓库中单独安装 7500 多个额外的程序包。

Anaconda Navigator 是一个桌面图形用户界面（graphical user interface, GUI），如图 1.1 所示，这意味着你不需要使用命令行指令就可以启动应用程序、安装包和管理环境。

利用 Anaconda Navigator 可以启动两个主程序（Spyder 和 JupyterLab），用于编写代码、运行模型和可视化结果。

图 1.1 Anaconda Navigator 的截图

Spyder 是一个集成开发环境（integrated development environment, IDE），即为软件开发和科学编程提供一套全面的工具的软件应用程序。它结合了用于编写代码的文本编辑器、

用于调试代码的检查工具和用于执行代码的交互式控制台。图 1.2 展示的是 Spyder IDE 的
屏幕截图。

图 1.2 Spyder IDE 的屏幕截图

JupyterLab 是一个基于 Web 的开发环境,用来管理 Jupyter Notebook。Jupyter Notebook
是一个 Web 应用程序,可以创建和分享包含实时代码、方程、可视化结果和描述性文本的
文档。图 1.3 所示是 Jupyter Notebook 的截图。

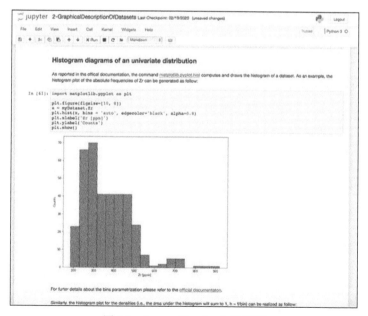

图 1.3 Jupyter Notebook 的截图

Spyder 和 JupyterLab 都可以用于编写代码、运行程序和导出结果。两者各有特色，我个人的选择是将 Spyder 用于研究，JupyterLab 用于教学。

1.4　远程 Python 环境

远程 Python 环境是指运行在可以在线访问的计算机系统或虚拟机上的环境。例如，Python 环境可以安装在学术机构（大多数大学都有提供这种机会的计算中心）或者商业机构（通常提供基础免费计划）托管的远程机器上。前面描述的安装本地 Python 环境的概念和过程对于远程 Python 环境仍然有效。然而，访问和在线操作远程 Python 环境需要掌握额外的技能（例如需要了解 Secure Shell，或基于 Linux 和基于 Windows 的远程桌面协议）。因此，为简单起见，我再次建议从本地安装 Anaconda Python 发行版开始学习。

不需要安装本地环境就可以在线使用 Python 的另一种方法是使用远程 IDE。例如，像 Repl.it 和 PythonAnywhere 这样的商业机构都提供免费和完整的 Python IDE，允许用户先开始简单编程，再开发高级的应用程序。然而，这种方法的一个缺点是，这些 IDE 都不是专门为科学计算而设计的。因此，运行本书中的代码需要安装核心发行版默认不包含的额外库。因此，为了轻松复制本书中给出的代码和示例，我再次建议，在你的计算机上安装最新的 Anaconda Python 发行版。

1.5　Python 包

Python 的关键特征是它的模块化本质。本节将列举一些我们将在本书中广泛使用的通用程序包。对每一个库，我都会提供从官方文档中摘录的简要描述以及可能进一步阅读的参考资料。

NumPy 是一个 Python 库，它提供了一个多维数组对象和一系列用于对数组进行快速操作的混合程序，包括数学、逻辑、形状操作、排序、选择、输入/输出、离散傅里叶变换、基本线性代数、基本统计操作、随机模拟等。

Pandas 是一个开源库，它为 Python 编程语言提供了高性能、使用便捷的数据结构和数据分析工具。

SciPy 是一个基于数学算法和函数的集合库，它建立在 Python 的 NumPy 扩展之上。它向用户提供高级命令和类，用于操作和可视化数据，为交互式 Python 会话提供了强大的功能。利用 SciPy，交互式 Python 会话成为一个数据处理和系统原型环境，可与 MATLAB、

IDL、Octave、R 和 Scilab 等系统相媲美。

Matplotlib 是一个可以对静态、动态和交互式数据进行可视化的 Python 库。

SymPy 是一个用于符号计算的 Python 库。符号计算主要处理数学对象。这意味着数学对象得精确地表达，不能模糊，并且带有待求值变量的数学表达式以符号形式保留。

Scikit-learn 是一个开源的机器学习库，支持监督学习和非监督学习。它还提供了各种用于模型拟合、数据预处理、模型选择和评估的工具，以及许多其他实用工具。

1.6　专门为地质学家开发的 Python 包

许多 Python 包是为解决地质问题而开发的，它们形成了一个广阔、多样化、实用的生态系统，能够完成特定的地质学任务，例如 Devito、ObsPy 和 Pyrolyte 等，其中大多数都可以通过 conda 包管理系统轻松安装，只有少数有一些额外的步骤和技能要求。本书不会涉及特定包的用法，因为它们都是为了解决非常具体的地质学问题而开发出来的。然而，Python 新手可能会从中受益，并且可能需要学习本书介绍的概念才能使用这些包。本书的附录 A 和配套资源将提供一系列全面的、为解决地质问题而开发的、面向地质学家的 Python 包和资源。

第 2 章
地质学家必备的 Python 知识

2.1 从使用 IPython 控制台开始

IPython 控制台（见图 2.1）允许执行来自 Python 的单个指令、多行代码和脚本。

图 2.1 IPython 控制台

想要使用 IPython 控制台，可以参考图 2.2。前两个指令是 $A=1$ 和 $B=2.5$，这两个指令的含义很简单：分别为变量 A 和 B 赋值 1 和 2.5。第三个指令是 $A+B$，即将两个变量 A 和 B 相加，得到结果 3.5。

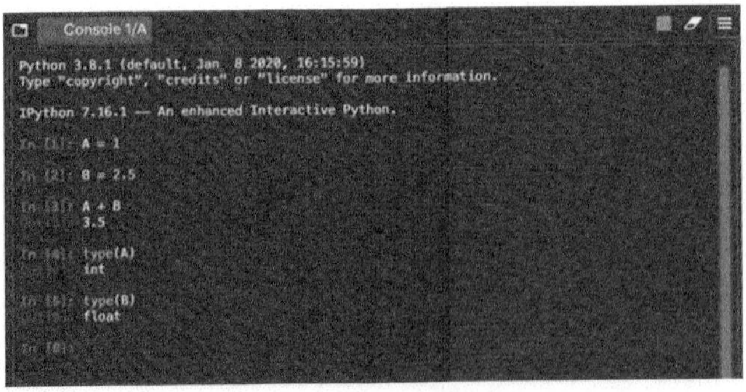

图 2.2 使用 IPython 控制台

　　图 2.3 还提供了 Python 变量类型的信息。对于数字，Python 支持整数、浮点数和复数。整型和浮点型的区别在于数据中是否存在小数。在上述示例中，A 是整数，B 是浮点数。复数有实部和虚部，本书不做讨论。如果其中一个计算对象，如上述示例中的 B，是浮点数，那么像加法或减法这样的操作会自动将整数转换为浮点数。*type()* 函数的作用是获取变量的类型。与本书相关的其他数据类型有布尔型（即 True 或 False）、序列和字典等。

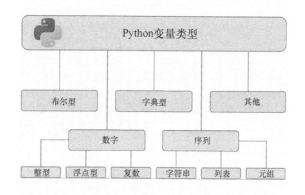

图 2.3　Python 的变量数据类型

　　在 Python 中，序列是元素的有序集合。序列包括字符串、列表和元组等。字符串是字符序列，列表是数据的有序集合，元组类似于列表，但创建后不能修改。图 2.4 展示了如何定义和访问字符串、列表和元组。

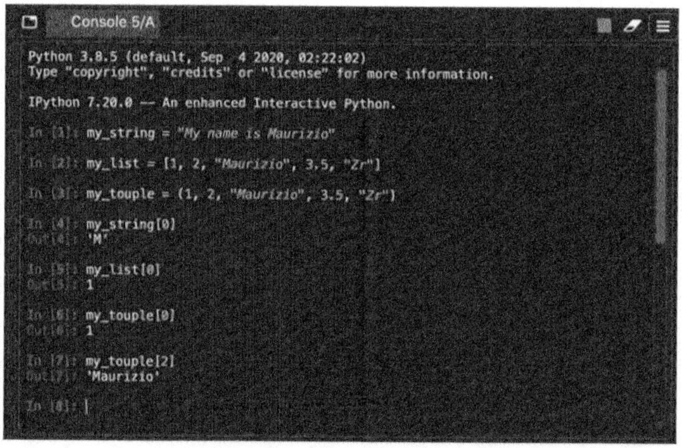

图 2.4　定义和访问序列

　　序列中的元素可以通过索引来访问。在 Python 中，序列的索引取值从 0 开始。例如，调用指令 *my_string*[0] 返回图 2.4 中定义的 *my_string* 的第一个元素（即 "M"）。类似地，调

用 *my_touple*[2]返回 *my_touple* 的第三个元素（即"Maurizio"）。图 2.5 中列出了访问序列的其他示例。当索引为负数时（例如 *my_string*[-1]），将从序列的最后一个元素开始反向索引。用冒号分隔的两个数字（例如[3:7]）用于定义一个左闭（包含）右开（不包含）的索引范围。对于语句 *my_string*[3:7]，程序将理解为从 3（闭）到 7（开）进行索引（即获取"name"）。最后，像 *my_string*[: 2]和 *my_string*[11:]这样的命令分别表示从 *my_string* 的开头到索引 2（开）和从索引 11（闭）到最后一个元素。

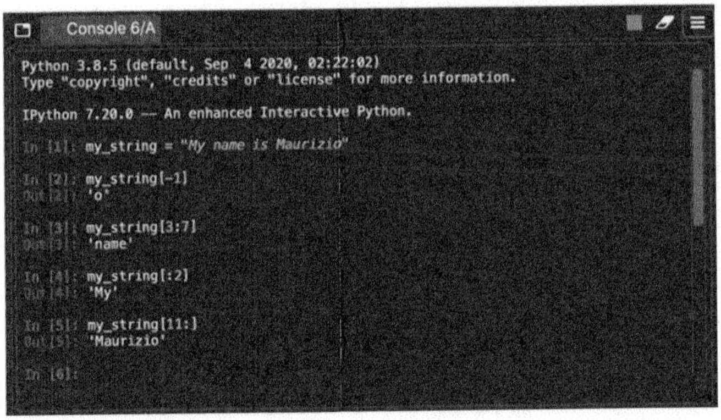

图 2.5　访问序列的其他示例

字典是由键值对组成的数据类型。字典通过在花括号中以逗号分隔的键值对来定义，冒号用于分隔每个键及其相应的值（见图 2.6）。在字典中，可以通过在方括号中指定相应的键来检索值（见图 2.6）。

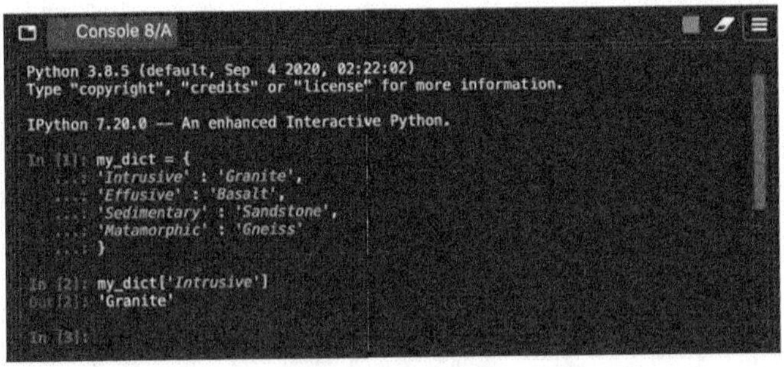

图 2.6　定义和访问字典

2.2　样式和命名规则

编程中约定规则的主要目的是提高代码的可读性，以促进不同程序员之间的协作。

"PEP 8-Style Guide for Python Code" 给出了 Python 的编码约定。

代码的可读性很重要，原因有很多，最主要的原因之一是让别人容易理解你的代码，这在项目合作中非常重要。编程团队通过共享最佳范例，编写连续、优雅的代码。

本书尝试遵循 "PEP 8-Style Guide for Python Code" 定义的主要规则。初学者们应该按照重要性程度记住这些规则（见表 2.1）。不过，比起代码的样式，我建议初学者多关注结果（即实现的目标）。

表 2.1   Python 中的样式和命名规则

类型	样式和命名规则	例子
函数	函数名称应采用小写字母书写，为了提高可读性，必要时需用下画线分隔（参见 2.4 节）	function、my_function
变量	变量命名规则与函数的相同	x、my_dataset
常数	常数通常用大写字母书写，单词之间用下画线分隔	A、GREEK_P
类	类名称中的单词以大写字母开头（例如 CapWords）。不能用下画线分隔单词（参见附录 B）	Circle、MyClass
方法	方法需要用小写字母书写，为了提高可读性，单词之间用下画线分隔（参见附录 B）	method、my_method
避免使用的名字	切勿使用字符 "l"（小写字母）、"O"（大写字母）或 "I"（大写字母）作为单字符变量名	—
缩进	PEP 8 建议使用 4 个空格缩进（参见 2.4 节）	—

2.3   使用 Python 脚本

脚本用来将代码指令序列自动化（例如制作地图或地质模型），可以替代原本在 IPython 控制台等中需要逐步执行的过程。具体来讲，Python 脚本通常是一个以 .py 为扩展名的文本文件，其中包含一系列 Python 指令。编写和修改 Python 脚本只需要用到文本编辑器。Spyder 集成了一个具有高级功能的文本编辑器，这些高级功能包括代码补全和语法检查等。在 Spyder 中，文本编辑器通常位于屏幕左侧的面板中。执行 Python 脚本时，编译器从第一行开始按顺序读取每条指令。在 Spyder 的 IPython 控制台中执行 Python 脚本，需要单击 play 按钮或者使用 F5 快捷键（见图 2.7）。使用快捷键能够让我们的操作更方便。表 2.2 列出了一些其他的快捷键。

表 2.2   Spyder 的快捷键

Windows	macOS	操作
F5	F5	运行文件（完整脚本）
F9	F9	运行选定内容（或当前行）
Ctrl +T	Cmd +T	打开 IPython 控制台
Ctrl + Space	Cmd+ Space	完成代码
Tab	Tab	缩进选中行
Shift + Tab	Shift + Tab	取消选中行缩进
Ctrl +Q	Cmd +Q	退出 Spyder

代码清单 2.1 给出了图 2.7 中的 Python 脚本，第 5～10 行给出了在 IPython 控制台中运行脚本获得的输出结果。

代码清单 2.1　一个简单的 Python 脚本

```
 1  print("Python instruction n.1")
 2  print("Python instruction n.2")
 3  print("Python instruction n.3")
 4
 5  '''
 6  Output:
 7  Python instruction n.1
 8  Python instruction n.2
 9  Python instruction n.3
10  '''
```

代码清单 2.1 的第 5 行和第 10 行的 3 个单引号（即'''）代表多行注释，表示编译器可以忽略这几行代码或文本。符号#表示同一行的后续文本是注释。注释是 Python 代码的基础部分，因为它们可以帮助你和未来的用户阐明代码工作流。请记住，你可能花了一整天的时间开发一个非常棒的脚本，但第二天早上醒来时却不记得脚本是如何工作的！在这种情况下，注释简直就是"救命稻草"。

事实上，编写.py 脚本并不一定需要 Spyder。如上所述，Python 脚本可以使用任何文本编辑器编写。可以使用 Python 指令在命令行或终端应用程序中运行脚本（见图 2.8）。

图 2.7 在 Spyder 中运行 Python 脚本

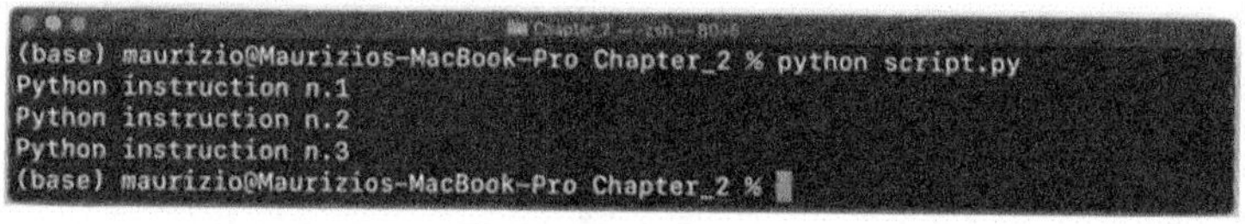

图 2.8 在 MacBook 的终端应用程序中使用 Python 指令运行 Python 脚本

2.4 条件语句、缩进、循环和函数

2.4.1 条件语句

在 Python 中，*if* 语句可以基于表达式的值有条件地执行单个或多个指令。

为了便于理解，请参考代码清单 2.2。第 1 行指令定义了变量 *my_var*，并将它赋值为 2。在第 3 行，*if* 语句对 *my_var* 的值做判断，只有在 *my_var* 大于 2 时才执行第 4 行的指令。假如不满足大于 2 这个条件，编译器将跳转执行第 5 行指令，判断 *my_var* 是否等于 2。注意，"="是用来为变量赋值的，而"=="是用来比较两个量的，如果相等则返回"True"，如果不相等则返回"False"。假设 *my_var* 等于 2，编译器将执行第 6~8 行的指令。最后，在以上条件都不满足的情况下（即当 *my_var* 小于 2 时），执行第 10 行指令。

代码清单 2.2 if、elif、else 语句

```
1   my_var = 2
2
3   if my_var > 2:
4       print('my_var is greater than 2')
5   elif my_var == 2:
6       print('my_var is equal to 2')
7       # more instructions could be added
8       # using the same indentation
9   else:
10      print('MyVar is less than 2')
11
12  '''
13  Output:
14  my_var is equal to 2
15  '''
```

2.4.2 缩进和块

"缩进"指的是在指令前添加一个或多个空格。在 Python 脚本中,缩进到同一级别的连续指令(如代码清单 2.2 中第 6~8 行)被认为是同一代码块。编译器认为,一个代码块就是一个可以组织 Python 脚本的单一实体。例如,在代码清单 2.2 中,*if*、*elif* 和 *else* 语句之后的块分别按照第 3 行、第 5 行和第 9 行给出的条件执行。

为了更好地理解 Python 中缩进的工作方式,请参考代码清单 2.3 中的代码。每次运行脚本时,第 1 至 3 行和第 12 行的指令总是被执行。当且仅当变量 a 等于 1 时,编译器执行第 5、9、10 和 11 行的指令。最后,当且仅当 a 和 b 分别等于 1 和 3 时,编译器执行第 7 行和第 8 行指令。

请注意,缩进是 Python 中的一个基本概念,它可以用于定义简单的操作,如条件语句、循环和函数,也可以用于定义像模块和程序包这种更复杂的结构。

代码清单 2.3 Python 使用缩进来定义代码块

```
1   # this instruction is always executed
2   # this instruction is always executed
3   # this instruction is always executed
4   if a == 1:
5       # this instruction is executed if a = 1
6       if b == 3:
```

```
 7                # this instruction is executed if a = 1 and b = 3
 8                # this instruction is executed if a = 1 and b = 3
 9         # this instruction is executed if a = 1
10         # this instruction is executed if a = 1
11         # this instruction is executed if a = 1
12   # this instruction is always executed
```

2.4.3 *for* 循环

Python 中的 *for* 循环可以用来迭代序列（即列表、元组和字符串等）或其他可迭代对象。例如，迭代名为 *rocks* 的列表，如代码清单 2.4 所示。其中，第 1 行指令定义了一个列表（即 *rocks*），第 3 行指令执行迭代，第 4 行指令将每次迭代的结果（即序列的每个元素）输出。

代码清单 2.4　迭代一个列表

```
 1   rocks = ['sedimentary', 'igneous intrusive', 'igneous
         effusive', 'methamorphic']
 2
 3   for rock in rocks:
 4       print(rock)
 5
 6   '''
 7   Output:
 8   sedimentary
 9   igneous intrusive
10   igneous effusive
11   methamorphic
12   '''
```

通常，*range()* 用于执行迭代。*range()* 函数是一个可以返回整数序列的 Python 函数。

range() 语法是 *range(start, stop, step)*，其中变量 *start*、*stop* 和 *step* 分别是序列的初始值、最终值和步长值。注意，序列中不包含最终值（即 *stop*）。如果只给 *range()* 函数传递一个参数，如 *range(6)*，它会返回初始值为 0、最终值为 6 的序列。代码清单 2.5 展示了使用 *range()* 函数生成的数字序列的一些迭代示例。

代码清单 2.5　对使用 *range()* 生成的数字序列进行迭代

```
 1   print('a sequence from 0 to 2')
 2   for i in range(3):
 3       print(i)
```

```
 4
 5   print('---------------------')
 6   print('a sequence from 2 to 4')
 7   for i in range(2, 5):
 8       print(i)
 9
10   print('---------------------')
11   print('a sequence from 2 to 8 with a step of 2')
12   for i in range(2, 9, 2):
13       print(i)
14
15   '''
16   Output:
17   a sequence from 0 to 2
18   0
19   1
20   2
21   ---------------------
22   a sequence from 2 to 4
23   2
24   3
25   4
26   ---------------------
27   a sequence from 2 to 8 with a step of 2
28   2
29   4
30   6
31   8
32   '''
```

2.4.4 *while* 循环

while 循环首先检查测试条件,只有当测试条件为 True 时才会开始循环。循环指令每一次迭代之后,都会再次检查测试条件,若测试条件为 True,则继续循环,直到测试条件为 False。为了更好地理解,请参考代码清单 2.6。第 1 行指令定义了对象 *my_var*,并将其赋值为 0。第 3 行指令检查测试条件 *my_var* < 5。假设 *my_var* 等于 0,测试条件为 True,编译器进入循环。第 4 行指令输出 *my_var*(即 0),第 5 行指令将 *my_var* 赋值为 1。然后返回到第 3 行,在这里再次检查测试条件,只要测试条件保持为 True(即只要 *my_var* < 5),就继续执行循环。因此,编译器会重复执行第 4 行、第 5 行的指令(即测试条件后面有相同缩进的代码块),直到 *my_var* 被赋值为 5。

代码清单 2.6　while 循环

```
 1  my_var = 0
 2
 3  while my_var < 5:
 4      print(my_var)
 5      my_var = my_var + 1
 6
 7  '''
 8  Output:
 9  0
10  1
11  2
12  3
13  4
14  '''
```

2.4.5　函数

函数是为完成特定任务而开发的可重复使用的代码块。函数以关键字 *def* 开头，后面跟着函数名，然后是圆括号，参数或变量应该放在圆括号内（参考代码清单 2.7）。函数的代码块在冒号（:）之后，并且必须缩进。使用可选语句 *return*，可以向调用者传递单个或多个返回值，比如在函数中计算的一些变量。代码清单 2.7 展示了如何定义和使用一个简单的函数。第 1 行指令定义了一个名为 *sum()* 的函数，它有两个参数 a 和 b。第 2 行指令中函数将 a 和 b 之和赋给变量 c。最后，函数在第 3 行结束，将 c 返回给调用者。第 5 行指令通过调用 *sum()* 函数（参数 a = 2、b = 3）来定义变量 res。第 6 行指令输出一个包含 res 值的字符串（注意，*str()* 函数会将数字转换为字符串）。

代码清单 2.7　定义一个函数

```
 1  def sum(a, b):
 2      c = a + b
 3      return c
 4
 5  res = sum(a=2, b=3)
 6  print('the result is' + str(res))
 7
 8  '''
 9  Output:
10  the result is 5
11  '''
```

2.5 导入外部库

Anaconda Python 发行版几乎包含数据科学中最常见操作所需的所有程序包，如 NumPy、SciPy、pandas、matplotlib、seaborn 和 scikit-learn，这些在 1.5 节中有简要描述。使用 *import* 和 *from* 语句可以将整个模块、程序包或单个函数导入脚本中。代码清单 2.8 给出了使用 *import* 和 *from* 语句的示例。注意，代码清单 2.8 的第 1 行代码将整个 pandas 程序包导入一个名为 *pd* 的对象中；第 2 行代码将 matplotlib 程序包的 pyplot 导入对象 plt 中；第 3 行代码从 NumPy 程序包中导入 *random()* 函数；第 4 行代码通过使用通配符 "*" 导入 SymPy 库中的所有函数（注意，目前不鼓励使用通配符 "*" 来导入，因为它没有指定具体导入哪些函数，尤其是在大型项目中很容易出现问题）。

代码清单 2.8　使用 *import* 和 *from* 语句

```
1   import pandas as pd
2   import matplotlib.pyplot as plt
3   from numpy import random
4   from sympy import * # To note: import * should be avoided
```

2.6 基本运算和数学函数

表 2.3 列出了一些基本数学运算符，其中如加法或乘法这种基本的数学运算在 Python 中都能实现。通过导入 math 和 NumPy 函数库，可以获得更多的三角函数和算术函数，其中还包含相关的常数，如 π（阿基米德常数）和 e（欧拉数）。math 库和 NumPy 库的主要区别在于前者用于标量，而后者用于数组。不过，NumPy 也可以很好地处理标量。考虑到 NumPy 比 math 更灵活，本书中的示例只使用 NumPy 库。

表 2.3　　　　　　　　　　　　　　　Python 的基本数学运算符

运算符	含义	例子	运算符	含义	例子
+	加	$3 + 2 = 5$	−	减	$3-2 = 1$
*	乘	$3 * 2 = 6$	/	除	$6 / 2 = 3$
**	幂	$3 ** 2 = 9$	%	取余	$2 \% 2 = 0$

　　表 2.4 和表 2.5 分别列出了一些 NumPy 中的相关常量和函数。另外，代码清单 2.9 提供了一些介绍性示例，演示了如何使用 NumPy 常量和数学函数。

表 2.4　　　　　　　　　　　　　NumPy 中的相关常量

NumPy	含义	值	NumPy	含义	值
e	欧拉数	2.718⋯	pi	阿基米德常数（π）	3.141⋯
euler_gamma	欧拉常数	0.577⋯	inf	正无穷	∞

表 2.5　　　　　　　　　　　　NumPy 中的指数、对数和三角函数

NumPy	含义	NumPy	含义	NumPy	含义
sin()	正弦函数	cos()	余弦函数	tan()	正切函数
arcsin()	反正弦函数	arccos()	反余弦函数	arctan()	反正切函数
exp()	指数函数	log()	自然对数函数	log10()	以 10 为底的对数函数
log2()	以 2 为底的对数函数	sqrt()	平方根函数	abs()	绝对值函数

代码清单 2.9　第一次接触 NumPy

```
1   import numpy as np # import numpy
2
3   # relevant constants
4   GREEK_P = np.pi
5   EULER_NUMBER = np.e
6
7   # print greek_p and euler_number on the screen
8   print("Archimedes' constant is " + str(GREEK_P))
9   print("Euler's number is " + str(EULER_NUMBER))
10
11  # trigonometric functions
12  x = np.sin(GREEK_P / 2) # x = 1 expected
13
14  # print the result on the screen
15  print("The sine of a quarter of radiant is " + str(x))
16
17
18  # defining a 1D array in numpy
19  my_array = np.array([4, 8, 27])
20  # print myArray on the screen
```

```
21  print("myArray is equal to " + str(my_array))
22
23  log10_my_array = np.log10(my_array)
24
25  # print the result on the screen
26  print("The base -10 logarithms of the elements in myArray
        are")
27  print(log10_my_array)
28
29  '''
30  Output:
31  Archimedes' constant is 3.141592653589793
32  Euler's number is 2.718281828459045
33  The sine of a quarter of radiant is 1.0
34  myArray is equal to [ 4  8 27]
35  The base -10 logarithms of the elements in myArray are
36  [0.60205999 0.90308999 1.43136376]
37  '''
```

现在，准备学习如何使用 Python 来解决地质问题。

第3章
用 Python 解决地质问题：简介

3.1 第一次使用 Python 绘制二元相图

学习利用 Python 分析地质数据，需要两个基本操作：使用 pandas 库加载数据集，并以二元相图表示。正如在 1.5 节中介绍的，pandas 是一个善于处理结构数据的 Python 库（也就是一个工具）。实际上，它提供了大量现成的函数来处理科学数据。例如，利用 pandas 导入存储在 Excel 文件或文本文件中的数据集，只需一行代码即可实现。要理解这是如何实现的，请参考代码清单 3.1。

代码清单 3.1　从 Excel 文件导入数据到 Python

```
1   import pandas as pd
2
3   #Example 1
4   my_dataset1 = pd.read_excel('Smith_glass_post_NYT_data.xlsx',
5                               sheet_name='Supp_traces')
```

第 1 行代码将 pandas 库导入一个名为 *pd* 的对象中，该对象用于存储 pandas 的所有功能。

第 4 行代码定义 pandas 的 DataFrame（即 *my_dataset*1），其数据可以从名为"Smith_glass_post_NYT_ data.xlsx"的 Excel 文件中读取。同时，由于 Excel 文件可能包含若干个工作表，因此将工作表名指定为 "Supp_traces"。导入的数据集为地质数据集包含公开的火山灰中微量元素的化学浓度，具体来说，它包括对坎比弗莱格里（Campi Flegrei）火山口（意大利）最近 15000 年活动带出的火山灰样品中的主要元素（Supp_majors）和微量元素（Supp_traces）分析结果，如图 3.1 所示。

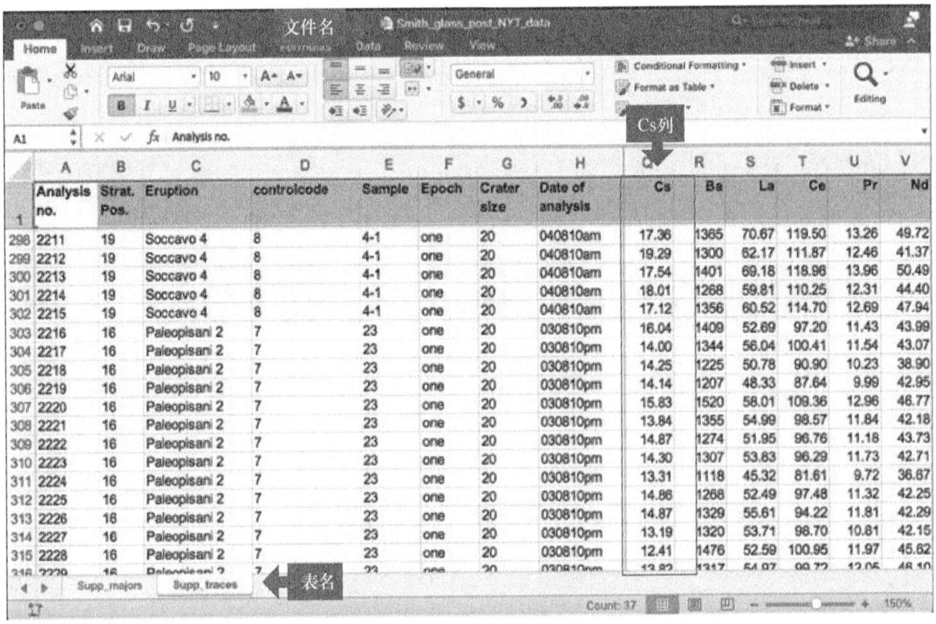

图 3.1   Excel 文件 Smith_glass_post_NYT_data.xlsx

指令 *pd.read_excel()* 可以接收众多参数，因此非常灵活。其中，最重要的两个参数是有效字符串路径 *string-path* 和有效表名 *sheet_name*。在以上例子中，*string-path* 是 Excel 的名称（即 "Smith_glass_post_NYT_data.xlsx"）。如果只在 *string-path* 中提供文件名，那么 Excel 文件必须与 Python 脚本在同一个文件夹下。*string-path* 也可以是本地文件地址（例如 "/Users/maurizio/Documents/file.xlsx"）或有效的统一资源定位符（uniform resource locator, URL），包括 http、ftp 和 s3。*sheet_name* 可以是字符串、整数、列表或默认值。当 sheet_name 为默认值 0 时，*pd.read_excel()* 打开 Excel 文件的第一个工作表。具体来说，整数和字符串分别表示从 0 开始的工作表位置和工作表名称。最后，字符串列表或整数列表可在处理多个工作表时进行响应。

说回代码清单 3.1 的第 4 行代码，此处定义了一个 DataFrame。什么是 DataFrame？它是 "列类型可能不同的二维标签数据结构"，可以把 DataFrame 当作一种可以被 Python 完全控制的简易数据表。

为了开始绘图，这里引入一个名为 matplotlib 的附加库，它是一个可以对静态、动态和交互式数据进行可视化的 Python 库。作为一个 Python 二维（2D）绘图库，它能够以各种硬拷贝格式生成满足出版质量的图形并与跨平台环境交互。只需要几行代码，它就可以生成直方图、功率谱、柱状图、散点图等。Matplotlib 兼容两种不同的编码风格，即 pyplot 和面向对象的应用程序接口（application program interface, API）。在 matplotlib.pyplot（即 pyplot 风格）中，每个函数都会改变主体图形。事实上，每一个按照命令式编码范式（即最基本、最简单的编码范式之一；参见 1.2 节）组织和管理的命令都会影响图的生成效果。
pyplot 不如面向对象的应用程序接口（即 OO 风格的接口）那样灵活和强大，后者并不比
pyplot 难学。因此，建议先从简单的示例开始熟悉 OO 风格，再深入了解细节（参见附录 C）。

例如，代码清单 3.2 展示了如何使用 OO 风格的 API 绘制简单的二元相图。具体来说，
代码清单 3.2 展示了如何在散点图中绘制元素 Th 和 Zr 的关系。代码清单 3.2 的工作流程很
简单。第 1 行和第 2 行代码分别导入 pandas 库和 matplotlib.pyplot 模块。第 4 行代码将 Excel
文件 "Smith_glass_post_NYT_data.xlsx" 导入名为 *my_dataset*1 的 DataFrame 中。第 6 行和
第 7 行代码分别从 *my_dataset*1 中选择 Zr 和 Th 来定义两个数据序列。第 9 行代码生成只包
含一个 "坐标轴"（*ax*）的 "图"（即图形对象）。注意，在 matplotlib 中，图形对象代表整
个图，而 "轴" 是当使用 "线划图"（见附录 C）时通常涉及的内容。生成的图可以包含一
个轴（即一个简单的图）或多个轴（即包含两个或两个以上子图的图）。

代码清单 3.2　第一次尝试用 Python 绘制二元相图

```
1   import pandas as pd
2   import matplotlib.pyplot as plt
3
4   my_dataset1 = pd.read_excel('Smith_glass_post_NYT_data.xlsx',
        sheet_name='Supp_traces')
5
6   x = my_dataset1.Zr
7   y = my_dataset1.Th
8
9   fig, ax = plt.subplots() # Create a figure containing one axes
10  ax.scatter(x, y)
```

代码清单 3.2 的运行结果如图 3.2 所示。

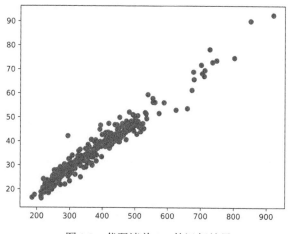

图 3.2　代码清单 3.2 的运行结果

绘制图 3.2 对于新手来说是一个很好的开始，但是它缺少必要信息（例如轴标签）。为了向图中添加这些必要信息，我们使用 *ax.set_title()*、*ax.set_xlabel()* 和 *ax.set_ylabel()* 分别向 *x* 轴和 *y* 轴添加标题和轴标签（见代码清单 3.3）。在图 3.2 中添加新标题和轴标签的效果，如图 3.3 所示。

为了提高在科学数据可视化方面的 Python 技能，代码清单 3.4 展示了如何对数据集进行切片。具体地讲，第 2 行和第 3 行代码将原始数据集（*my_dataset*1）切分成两个子数据集（即 *my_sub_dataset*1 和 *my_sub_dataset*2），这两个子数据集的特征分别为 Zr 的含量高于 450ppm（例如第 2 行的 ">"）和低于 450ppm（例如第 3 行的 "<"）。请注意，如果你希望将 Zr 的含量等于 450ppm 的数据包含到两个子数据集中的一个，你应该使用操作符 ">=" 或 "<="。

代码清单 3.3　第二次尝试用 Python 绘制包含标题和轴标签的二元相图

```
1  fig, ax = plt.subplots()
2  ax.scatter(x, y)
3  ax.set_title("My First Diagram")
4  ax.set_xlabel("Zr [ppm]")
5  ax.set_ylabel("Th [ppm]")
```

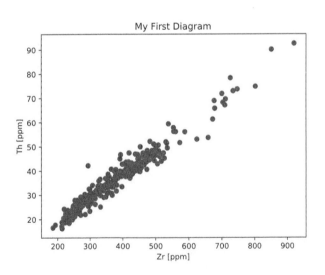

图 3.3　第二次尝试用 Python 绘制二元相图的结果，它现在
包括标题和轴标签（代码见代码清单 3.3）

接下来的操作是，通过第 11 行和第 16 行代码对子数据集 *my_sub_dataset*1 和 *my_sub_dataset*2 分别进行绘制。请注意，在命令 *plt.subplots()* 之后出现的所有绘图实例（即

第 11 行和第 16 行）都在同一个图形中显示结果。图 3.4 显示了代码清单 3.4 的结果。

代码清单 3.4　使用原始数据集的子数据集（即 Zr > 450 和 Zr < 450）绘制二元相图

```
1   # Define two sub -dataset for Zr >450 and Zr <450 respectively
2   my_sub_dataset1 = my_dataset1 [my_dataset1.Zr > 450]
3   my_sub_dataset2 = my_dataset1 [my_dataset1.Zr < 450]
4
5   #generate a new picture
6   fig, ax = plt.subplots()
7   # Generate the scatter Zr Vs Th diagram for Zr > 450
8   # in blue also defining the legend caption as "Zr > 450 [ppm]"
9   x1 = my_sub_dataset1.Zr
10  y1 = my_sub_dataset1.Th
11  ax.scatter(x1, y1, color='blue', label="Zr > 450 [ppm]")
12  # Generate the scatter Zr Vs Th diagram for Zr < 450
13  # in red also defining the legend caption as "Zr < 450 [ppm]"
14  x2 = my_sub_dataset2.Zr
15  y2 = my_sub_dataset2.Th
16  ax.scatter(x2, y2, color='red', label="Zr < 450 [ppm]")
17
18  ax.set_title("My Second Diagram")
19  ax.set_xlabel("Zr [ppm]")
20  ax.set_ylabel("Th [ppm]")
21  # generate the legend
22  ax.legend()
```

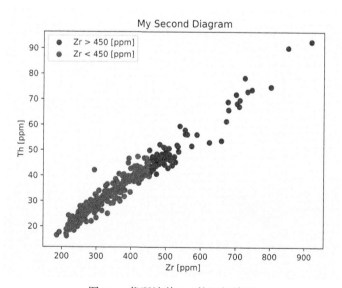

图 3.4　代码清单 3.4 的运行结果

继续介绍另一个关于 DataFrame 切片的示例。具体来说，代码清单 3.5 展示了如何使用"Epoch"列中给出的标签来过滤原始数据集。

代码清单 3.5 使用原始数据集的子数据集（使用 Epoch 列的标签）绘制二元相图

```
 1  fig, ax = plt.subplots()
 2
 3  my_data1 = my_dataset1 [( my_dataset1.Epoch == 'one')]
 4  ax.scatter(my_data1.Zr, my_data1.Th, label='Epoch 1')
 5
 6  my_data2 = my_dataset1 [( my_dataset1.Epoch == 'two')]
 7  ax.scatter(my_data2.Zr, my_data2.Th, label='Epoch 2')
 8
 9  my_data3 = my_dataset1 [( my_dataset1.Epoch == 'three')]
10  ax.scatter(my_data3.Zr, my_data3.Th, label='Epoch 3')
11
12  my_data4 = my_dataset1 [( my_dataset1.Epoch == 'three -b')]
13  ax.scatter(my_data4.Zr, my_data4.Th, label='Epoch 3b')
14
15  ax.set_title("My Third Diagram")
16  ax.set_xlabel("Zr [ppm]")
17  ax.set_ylabel("Th [ppm]")
18  ax.legend()
```

Epoch 列的标签将火山喷发的数据分为 4 个不同的时期（即 1、2、3 和 3b）。在对子数据集（第 3、6、9 和 12 行）切片后，通过第 4、7、10、13 行代码划分不同时期的样本，并各自使用唯一的标签标识（见图 3.5）。

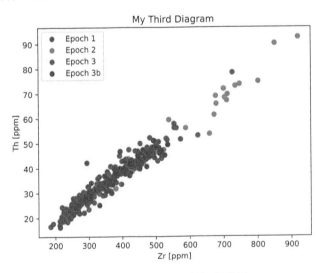

图 3.5 代码清单 3.5 的运行结果

熟悉 Python 的读者可能会建议使用循环使这段代码更简洁、更优雅（参见代码清单 3.6 和图 3.6）。

代码清单 3.6　使用 for 循环重写代码清单 3.5 的代码

```
 1  epochs = ['one','two','three','three -b']
 2
 3  fig, ax = plt.subplots()
 4  for epoch in epochs:
 5      my_data = my_dataset1 [( my_dataset1.Epoch == epoch)]
 6      ax.scatter(my_data.Zr, my_data.Th, label="Epoch " + epoch)
 7
 8  ax.set_title("My Third Diagram again")
 9  ax.set_xlabel("Zr [ppm]")
10  ax.set_ylabel("Th [ppm]")
11  ax.legend()
```

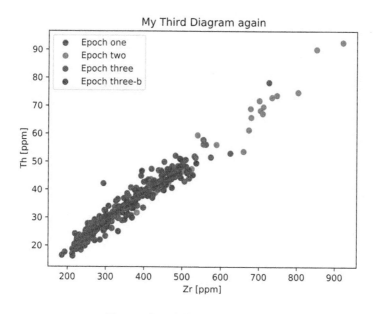

图 3.6　代码清单 3.6 的运行结果

如 2.4 节所述，for 循环在 Python 中用于迭代序列。尽管你应该精通循环、条件语句和函数的使用（见 2.4 节），但许多日常操作和任务都可以在不深入了解 Python 语言的语法和核心语义的情况下完成。为了证明这一点，让我们来解决第一个地质问题。

3.2 建立第一个地球科学模型

开发一个简单的地球科学模型需要 Python 语法、工作流和意识形态等有用的知识和信息。本节将展示如何开发一个用以描述岩浆系统微量元素演变的函数（见 2.4 节）。式 3.1 描述了在热力平衡状态下，岩浆结晶过程中微量元素浓度 C 的变化：

$$C = \frac{C_0}{D(1-F) + F} \qquad\qquad (式 3.1)$$

C_0、D 和 F 分别为系统中微量元素的初始浓度值、熔体与晶体之间的体积分配系数和熔体相对值。代码清单 3.7 展示了如何创建一个函数来求解式 3.1 中的浓度 C。

在代码清单 3.7 中，第 1 行代码定义了一个名为 *ec* 的函数，其参数分别对应式 3.1 中的 F、D 和 C_0。请注意，第 2 行代码是有缩进的（回想一下，缩进指的是出现在一行代码开头的空格，该内容可参见 2.4 节）。函数中的所有后续行的代码必须至少具有与函数第一行代码相同的缩进。在本例中，第 2 行和第 3 行代码都有相同的缩进，因此它们是函数 *ec()* 的一部分。

代码清单 3.7 在 Python 中定义一个函数对式 3.1 建模

```
1   def ec(f, d, c0):
2       cl = c0/(d *(1-f) + f)
3       return cl
4
5   my_c = ec(f=0.5, d=0.1, c0 =100)
6
7   print('RESULT: '+ str(int(my_c)) + ' ppm')
8
9   '''
10  Output:
11  RESULT: 181 ppm
12  '''
```

代码清单 3.7 的第 2 行代码实现计算，第 3 行代码返回结果。第 5 行代码调用 *ec()* 函数，计算 *f*、*d*、C_0 分别等于 0.5、0.1 和 100 时，熔体中微量元素的浓度。第 7 行代码输出计算结果，如第 11 行（181 ppm）所示。代码清单 3.7 的第 7 行代码需要做进一步解释。*print()* 函数用于将括号中的内容输出到屏幕上，*str()* 函数用于将数字转换为字符串，*int()* 函数用于对小数取整。

代码清单 3.8 对式 3.1 中的 F（取值范围为 $0.3 \sim 1.0$）进行了更深入的研究。对于不熟悉式 3.1 的读者，图 3.7 显示了当熔体相对值 F 趋近于 0.3，不相容元素在熔融完全（即 $F = 1$）

时的表现（$D<1$，即元素不易进入固相，更倾向停留在液相）。

代码清单 3.8 求解式 3.1（F 取值范围为 0.3～1）并绘制结果图

```
1   import matplotlib.pyplot as plt
2   import numpy as np
3
4   def ec(f, d, c0):
5       cl = c0/(d *(1-f) + f)
6       return cl
7
8   my_f = np.linspace(0.3, 1, 8)
9
10  my_c = ec(f=my_f, d=0.1, c0 =100)
11
12  fig, ax = plt.subplots()
13  ax.plot(my_f, my_c, label="Eq cryst. D = 0.1")
14
15  ax.set_xlabel('F')
16  ax.set_ylabel('C [ppm]')
17  ax.legend()
```

代码清单 3.8 的第 1 行代码简单明了，即将 matplotlib.pyplot 模块导入对象 *plt* 中。第 2 行代码导入 NumPy 库。如 1.5 节所述，NumPy 是用于科学计算的包，可以处理 N 维数组、线性代数、傅里叶变换、随机数和其他数学问题。第 4～6 行代码的含义也很简单，即定义 *ec()* 函数，如代码清单 3.7 中定义的那样。

NumPy 的使用从第 8 行代码开始，其中，语句 *np.linspace(0.3,1,8)* 生成由 8 个元素组成的一维（1D）数组，从 0.3 开始，到 1.0 结束。代码清单 3.9 的第 7 行代码的作用是输出 *my_f* 并将其显示到屏幕上。

代码清单 3.9 *np.linspace()* 函数

```
1   my_f = np.linspace(0.3, 1, 8)
2
3   print(my_f)
4
5   '''
6   Output:
7   [0.3 0.4 0.5 0.6 0.7 0.8 0.9 1. ]
8   '''
```

回到代码清单 3.8，第 10 行代码调用 *ec()* 函数，式 3.1 中的 F、D 和 C_0 分别为 *my_f*

（即包含 8 个元素的一维数组）、0.1 和 100。结果存储在一维数组 *my_c* 中，包含 8 个元素，与数组 *my_f* 的元素一一对应。第 13 行代码使用 *ax.plot()* 对 *my_f* 和 *my_c* 的关系进行绘图。默认情况下，输出的二元相图会用线把点连起来。图 3.7 显示了代码清单 3.8 的运行结果。

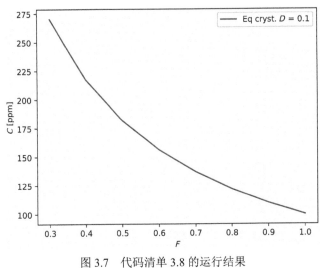

图 3.7　代码清单 3.8 的运行结果

NumPy 还提供了其他多种方法来定义一维数组。例如函数 *np.arange (start, stop, step)* 用于计算一维数组（参考代码清单 3.10）。

代码清单 3.10　*np.arange()* 函数

```
1  my_f = np.arange(0, 10, 1)
2
3  print(my_f)
4
5  '''
6  Output:
7  [0 1 2 3 4 5 6 7 8 9]
8  '''
```

为了研究不同 *D* 值对式 3.1 的影响，可以参考代码清单 3.11 的运行结果。第 10～12 行代码根据不同的 *D* 值定义了 3 个模型，第 14 行代码将结果（第 15～17 行）绘制在同一张图上。

代码清单 3.11　求解式 3.1（*D* 取不同的值）

```
1  import matplotlib.pyplot as plt
```

```
 2   import numpy as np
 3
 4   def ec(f, d, c0):
 5       cl = c0/(d *(1-f) + f)
 6       return cl
 7
 8   my_f = np.linspace(0.3,1, 8)
 9
10   my_c1 = ec(f=my_f, d =0.1, c0 =100)
11   my_c2 = ec(f=my_f, d=1, c0 =100)
12   my_c3 = ec(f=my_f, d=2, c0 =100)
13
14   fig, ax = plt.subplots()
15   ax.plot(my_f, my_c1, label="Eq cryst. D = 0.1")
16   ax.plot(my_f, my_c2, label="Eq cryst. D = 1")
17   ax.plot(my_f, my_c3, label="Eq cryst. D = 2")
18
19   ax.set_xlabel('F')
20   ax.set_ylabel('C [ppm]')
21   ax.legend()
```

代码清单 3.11 的代码虽然对新手来说很容易理解，但这样的代码既不优雅也不高效。代码清单 3.12 展示了如何通过循环而不是单独定义每个模型来获得相同的结果。图 3.8 显示了代码清单 3.11 和代码清单 3.12 的运行结果。

代码清单 3.12　使用循环来求解式 3.1（*D* 取不同的值）

```
 1   import matplotlib.pyplot as plt
 2   import numpy as np
 3
 4   def ec(f, d, c0):
 5       cl = c0/(d *(1-f) + f)
 6       return cl
 7
 8   my_f = np.linspace(0.3,1, 8)
 9
10   d = [0.1, 1, 2]
11
12   fig, ax = plt.subplots()
13
14   for my_d in d:
15       my_c = ec(f=my_f, d=my_d, c0 =100)
16       ax.plot(my_f, my_c, label='Eq cryst. D = ' + str(my_d))
17
```

```
18
19  ax.set_xlabel('F')
20  ax.set_ylabel('C [ppm]')
21  ax.legend()
```

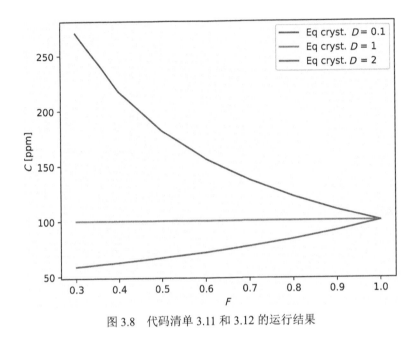

图 3.8　代码清单 3.11 和 3.12 的运行结果

3.3　空间数据表达的快速入门

空间数据可视化是地质学中的一项基本任务，应用于地貌学、水文学、火山学和地球化学等多个领域。

本节将通过一个简单的任务，让读者熟悉空间数据。具体来说，我们导入以 .csv 文件存储的数字高程模型（digital elevation model, lDEM），并将其按高程值分级设色显示。.csv 文件是一种文本文件，包含由逗号、制表符或分号等分隔符分隔的数据。在本任务中，我们首先评估存储在文件 DEM.csv 中的数据集（见图 3.9），该数据集由 4 列，即唯一标识符、高程值、x 坐标和 y 坐标组成。数据来自意大利的翁布里亚地区。

现在来看代码清单 3.13。第 1、2 行代码导入 pandas 库和 matplotlib.pyplot 模块，它们包含管理和绘制科学数据的一系列函数和方法。第 5 行代码中的 *pd.read_csv()* 导入了 .csv 文件 "DEM.csv"，并创建了一个名为 *my_data* 的新 DataFrame（即一个表）。*my_data* 包含

4 列，分别命名为 *POINTID*、*ELEVATION*、*X_LOC* 和 *Y_LOC*。*POINTID* 是唯一标识符，*ELEVATION* 是高程值，*X_LOC* 和 *Y_LOC* 代表(*x,y*)坐标。第 6 行代码通过 *plt.subplots()* 生成一个包含单个轴的图形。最后，第 7 行代码通过 *ax.scatter()* 创建一个每个点（*X_LOC*、*Y_LOC*）都按高程值（*ELEVATION*）分级设色的散点图（见图 3.10）。第 10 行的 *cmap='hot'* 表示将色带设置为 "hot"。在本例中，色带的最低值和最高值分别对应黑色和白色。中间颜色反映了黑体逐渐变亮的光反射序列（见图 3.10）。第 13～15 行代码分别用于绘制色带、设置色带标签和设置色带边缘颜色。图 3.11 显示了代码清单 3.13 中将 *cmap* 设置为 "plasma" 的结果。

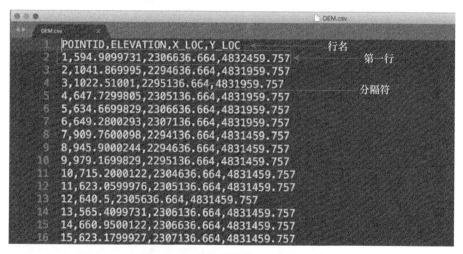

图 3.9　以逗号分隔的 DEM.csv 文件

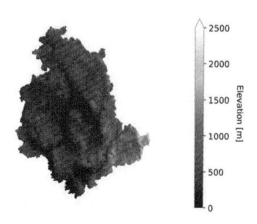

图 3.10　代码清单 3.13 运行的结果

图 3.12 列出了 matplotlib 中现有的色条种类。

图 3.11 与图 3.10 相同，但 cmap='plasma'

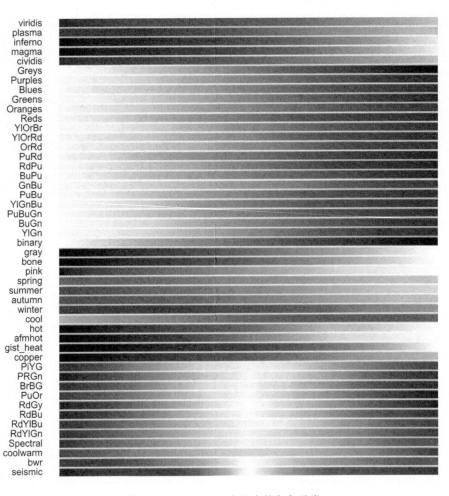

图 3.12 matplotlib 中现有的色条种类

代码清单3.13 导入以.csv文件存储的DEM，并以散点图显示

```
1    import pandas as pd
2    import matplotlib.pyplot as plt
3    from matplotlib import cm
4
5    my_data = pd.read_csv('DEM.csv')
6    fig, ax = plt.subplots()
7    ax.scatter(x = my_data.X_LOC.values,
8               y = my_data.Y_LOC.values,
9               c=my_data.ELEVATION.values,
10              s=2, cmap='hot', linewidth =0, marker='o')
11   ax.axis('equal')
12   ax.axis('off')
13   colorbar = fig.colorbar(cm.ScalarMappable(cmap='hot'), extend='max',
         ax=ax)
14   colorbar.set_label('Elevation [m]', rotation =270, labelpad =20)
15   colorbar.outline.set_edgecolor('Grey')
```

第二部分
地质数据描述

第4章
地质数据集的图形可视化

4.1 数据集的统计学描述：主要概念

Ross 说："统计是从数据中学习的艺术，它关注数据的收集、后续的描述和分析，进而得出结论。"为便于描述，本节给出一些地质数据集的基本定义。数据可视化对理解数据至关重要，所以可视化数据比任何高级统计建模都重要。

总体：总体是所有相关元素的集合。例如，假设收集选定区域平面要素的走向和倾斜（例如层理面、叶理构造面、褶皱轴面、断层面和节理），其中走向的总体是所有走向的集合（例如对于一个具体要素）。一般来说，总体无法实测，所以只能分析一个限制样本的总体。

样本：总体中需要详细研究的一个子集称为样本。例如，在火山区指定位置进行走向测量、泉水流速测量或 CO_2 流量采集。在地质学中，一块需要被分析的岩石也是样本，因为它来自于对特定岩系（即总体）的采样。

离散数据和连续数据：离散数据只能取特定的值，比如，特定区域内泉水的数量是离散数据；当数据可以在某范围内任意取值时，这些数据就是连续数据，比如，全岩分析结果和泉水流速测量结果。

样本的频率分布：样本的频率分布表示在给定的时间间隔内观察到样本的次数。它可以采用表格形式或图形形式表示。

4.2 可视化单变量样本分布

4.2.1 直方图

直方图是一种包含多个相邻且平行条状的条形图，其高度表示数量。它可用于单变量样本分布的定性描述。直方图的垂直轴可以表示绝对类频率、相对类频率或概率密度。间距（即 bins）通常连续且大小相等，但并不绝对。

通过观察直方图可以得出以下重要信息：（1）分布的对称性；（2）数据分布的范围；（3）数据中的一种或多种高频特征；（4）间隙的发生；（5）异常值的存在。

使用 Python 语句 *matplotlib.axes.Axes.hist()* 可以灵活生成和绘制直方图。例如，代码清单 4.1 的第 1 行和第 2 行代码分别导入了 pandas 库和 matplotlib.pyplot 模块。第 4 行代码定义了一个 DataFrame（即 *my_dataset*），其是从 "Smith_glass_post_NYT_data.xlsx" 文件导入的 "Supp_traces" 工作表。第 7 行代码生成了包含单个轴的新图形。第 8 行代码使用 *my_dataset* 中 Zr 列的数据绘制直方图。

参数 *bins* 可以定义 bins 的数量（整型）和 bin 的边界（序列）。在本书的例子中，*bins ='auto'* 表示使用 matplotlib 内置方法来估算 bins 的最优解（见图 4.1）。

代码清单 4.1　使用绝对频率绘制直方图

```
1  import pandas as pd
2  import matplotlib.pyplot as plt
3
4  my_dataset = pd.read_excel(
5      'Smith_glass_post_NYT_data.xlsx', sheet_name='Supp_traces')
6
7  fig, ax = plt.subplots()
8  ax.hist(my_dataset.Zr, bins='auto', edgecolor='black',
       color='tab:blue', alpha =0.8)
9  ax.set_xlabel('Zr [ppm]')
10 ax.set_ylabel('Counts')
```

参数 *color* 和 *edgecolor* 分别定义了条填充颜色和边框颜色。参数 *alpha* 定义了透明度。更多关于如何在 matplotlib 中自定义直方图的细节可以在官方文档中找到。

代码清单 4.2 与代码清单 4.1 有相同的操作，但在第 8 行添加了指令 *density=True*。当 *density=True* 时，y 轴表示概率密度（见图 4.2）。在这种情况下，直方图（即积分）下的面积总和为 1，这是通过绝对频率除以 bin 的宽度来实现的。概率密度的使用相当于对近似概率分布的初次尝试，这部分内容将在第 9 章中描述。

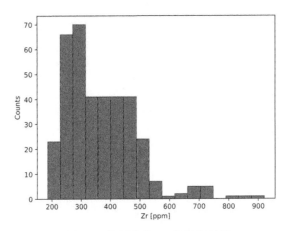

图 4.1　代码清单 4.1 的运行结果

代码清单 4.2　绘制概率密度的直方图

```
1   import pandas as pd
2   import matplotlib.pyplot as plt
3
4   my_dataset = pd.read_excel(
5       'Smith_glass_post_NYT_data.xlsx', sheet_name='Supp_traces')
6
7   fig, ax = plt.subplots()
8   ax.hist(my_dataset.Zr, bins='auto', edgecolor='black',
        color='tab:blue', alpha =0.8, density=True)
9   ax.set_xlabel('Zr [ppm]')
10  ax.set_ylabel('Probability Density')
```

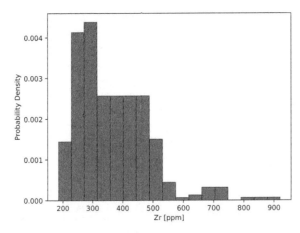

图 4.2　代码清单 4.2 的运行结果

4.2.2 累积分布图

累积分布函数（也称为累积密度函数）会在 x 处计算得到值小于等于 x 的概率。代码清单 4.3 展示了如何使用 *hist()* 绘制累积分布图。通过 *hist()* 指令设置 *cumulative = 1* 或 *cumulative = True*。设置 *histtype= 'step'* 可防止累积分布下面的区域被填充。参数 *linewidth* 和 *color* 分别用于定义线的宽度和颜色（见图 4.3）。

代码清单 4.3　用 Python 绘制累积分布图

```
1  fig, ax = plt.subplots()
2  ax.hist(my_dataset.Zr, bins='auto', density=True, histtype='step',
       linewidth =2, cumulative=1, color='tab:blue')
3  ax.set_xlabel('Zr [ppm]')
4  ax.set_ylabel('Likelihood of occurrence')
```

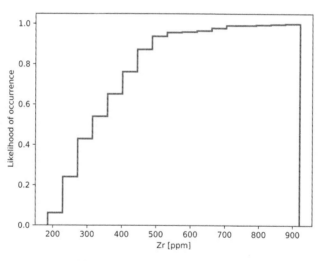

图 4.3　代码清单 4.3 的运行结果

4.3　准备发布就绪的二元相图

4.3.1　子图

在 matplotlib 中有许多方法可以用来创建多个子图。最简单的方法之一是创建一个空图（即 *fig = plt.figure()*），然后使用 *fig.add_subplot(nrows, ncols, index)* 添加多个坐标系（即子图）。

参数 *nrows*、*ncols* 和 *index* 分别用于设置行数、列数和索引。索引从所创建网络的左上角的 1 开始，向右移动增加。

为了更好地理解以上内容，参考代码清单 4.4。第 1 行代码导入 matplotlib.pyplot 模块，第 3 行代码生成一个新的空图（即 fig）。从第 5 行代码开始，使用 *fig.add_subplot()*（即第 5、9、13、17、21 和 25 行）创建和绘制网格（即 3 列 2 行）。在每个图的中间，使用命令 *text()* 插入指定 *nrows*、*ncols* 和 *index* 的文本。最后，通过命令 *tight_layout()* 自动调整子图参数，使子图与整个图形区域更契合（见图 4.4）。如果不使用 *tight_layout()*，图中的某些元素可能会重叠。

代码清单 4.4 使用 matplotlib 绘制子图

```
 1  import matplotlib.pyplot as plt
 2
 3  fig = plt.figure()
 4  # index 1
 5  ax1 = fig.add_subplot(2, 3, 1)
 6  ax1.text(0.5, 0.5, str((2, 3, 1)), fontsize =18, ha='center')
 7
 8  # index 2
 9  ax1 = fig.add_subplot(2, 3, 2)
10  ax1.text(0.5, 0.5, str((2, 3, 2)), fontsize =18, ha='center')
11
12  # index 3
13  ax1 = fig.add_subplot(2, 3, 3)
14  ax1.text(0.5, 0.5, str((2, 3, 3)), fontsize =18, ha='center')
15
16  # index 4
17  ax1 = fig.add_subplot(2, 3, 4)
18  ax1.text(0.5, 0.5, str((2, 3, 4)), fontsize =18, ha='center')
19
20  # index 5
21  ax1 = fig.add_subplot(2, 3, 5)
22  ax1.text(0.5, 0.5, str((2, 3, 5)), fontsize =18, ha='center')
23
24  # index6
25  ax1 = fig.add_subplot(2, 3, 6)
26  ax1.text(0.5, 0.5, str((2, 3, 6)), fontsize =18, ha='center')
27
28  plt.tight_layout()
```

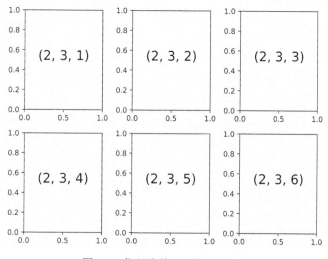

图 4.4 代码清单 4.4 的运行结果

如前所述，代码清单 4.4 的代码虽然对于 Python 新手来说很容易理解，但既不优雅也不高效。使用 for 循环可以得到相同的结果，如代码清单 4.5 所示。

代码清单 4.5 使用 for 循环绘制子图

```
1  import matplotlib.pyplot as plt
2
3  fig = plt.figure()
4
5  for i in range(1, 7):
6      ax = fig.add_subplot(2, 3, i)
7      plt.text(0.5, 0.5, str((2, 3, i)), fontsize =18, ha='center')
8
9  plt.tight_layout()
```

4.3.2 标记

可选参数 marker 可以决定散点图或其他图中用于标识样本的符号的形状，即标记。代码清单 4.6 和图 4.5 展示了如何使用参数 *marker*。表 4.1 给出了 Python 中可用的标记。

代码清单 4.6 在散点图中设置标记

```
1  fig = plt.figure()
2
3  ax1 = fig.add_subplot(2, 2, 1)
4  ax1.scatter(my_dataset.Zr, my_dataset.Th, marker='x', label="cross")
5  ax1.set_xlabel("Zr [ppm]")
6  ax1.set_ylabel("Th [ppm]")
```

```
 7  ax1.set_xlim([100, 1000])
 8  ax1.set_ylim([0, 100])
 9  ax1.legend()
10
11  ax2 = fig.add_subplot(2, 2, 2)
12  ax2.scatter(my_dataset.Zr, my_dataset.Th, marker='o', label="circle")
13  ax2.set_xlabel("Zr [ppm]")
14  ax2.set_ylabel("Th [ppm]")
15  ax2.set_xlim([100, 1000])
16  ax2.set_ylim([0, 100])
17  ax2.legend()
18
19  ax3 = fig.add_subplot(2, 2, 3)
20  ax3.scatter(my_dataset.Zr, my_dataset.Th, marker='^', label="triangle")
21  ax3.set_xlabel("Zr [ppm]")
22  ax3.set_ylabel("Th [ppm]")
23  ax3.set_xlim([100, 1000])
24  ax3.set_ylim([0, 100])
25  ax3.legend()
26
27  ax4 = fig.add_subplot(2, 2, 4)
28  ax4.scatter(my_dataset.Zr, my_dataset.Th, marker='d', label="diamond")
29  ax4.set_xlabel("Zr [ppm]")
30  ax4.set_ylabel("Th [ppm]")
31  ax4.set_xlim([100, 1000])
32  ax4.set_ylim([0, 100])
33  ax4.legend()
34
35  fig.tight_layout()
```

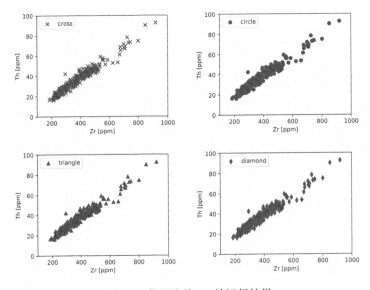

图 4.5　代码清单 4.6 的运行结果

表 4.1		matplotlib 散点图和其他图中的标记			
标记	形状	标记	形状	标记	形状
.	●	o	●	v	▼
∧	▲	<	◀	>	▶
1	Y	2	⅄	4	⅄
4	Y	8	●	s	■
p	⬟	h	⬡	H	⬡
+	✛	x	✕	D	◆
d	◆	l	❘	_	▬

1. 标记的大小

在散点图中，标记的大小可以由可选参数 s 决定。代码清单 4.7 和图 4.6 展示了如何设置标记的大小。

代码清单 4.7 在散点图中设置标记的大小

```
 1  fig = plt.figure()
 2
 3  ax1 = fig.add_subplot(2, 2, 1)
 4  plt.scatter(my_dataset.Zr, my_dataset.Th, marker='o', s=10, label=
       "size 10 ")
 5  ax1.set_xlabel("Zr [ppm]")
 6  ax1.set_ylabel("Th [ppm]")
 7  ax1.set_xlim([100, 1000])
 8  ax1.set_ylim([0, 100])
 9  ax1.legend()
10
11  ax2 = fig.add_subplot(2, 2, 2)
12  ax2.scatter(my_dataset.Zr, my_dataset.Th, marker='o', s=50, label=
       "size 50 ")
13  ax2.set_xlabel("Zr [ppm]")
14  ax2.set_ylabel("Th [ppm]")
```

```
15   ax2.set_xlim([100, 1000])
16   ax2.set_ylim([0, 100])
17   ax2.legend()
18
19   ax3 = fig.add_subplot(2, 2, 3)
20   ax3.scatter(my_dataset.Zr, my_dataset.Th, marker='o', s=100, label="
        size 100")
21   ax3.set_xlabel("Zr [ppm]")
22   ax3.set_ylabel("Th [ppm]")
23   ax3.set_xlim([100, 1000])
24   ax3.set_ylim([0, 100])
25   ax3.legend()
26
27   ax4 = fig.add_subplot(2, 2, 4)
28   ax4.scatter(my_dataset.Zr, my_dataset.Th, marker='o', s=200, label="
        size 200")
29   ax4.set_xlabel("Zr [ppm]")
30   ax4.set_ylabel("Th [ppm]")
31   ax4.set_xlim([100, 1000])
32   ax4.set_ylim([0, 100])
33   ax4.legend()
34
35   fig.tight_layout()
```

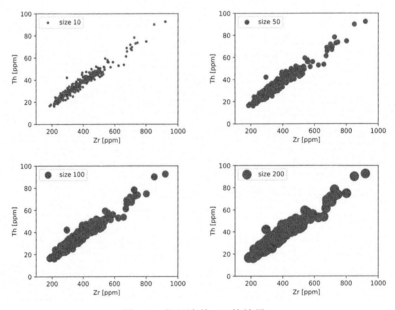

图 4.6　代码清单 4.7 的结果

2. 标记的颜色

散点图中标记边缘和标记本身的颜色可以通过 *edgecolor* 和 *c* 来定义（参见代码清单
4.8 和图 4.7），这两个参数可以是颜色序列（例如图中的每种标记都各有一种颜色），也可
以是值。若为后者，图中的所有标记都使用相同的颜色。颜色值可以通过不同的方式设定，
例如十六进制 RGB 值（例如"#8B0000"）、字母或名称（见图 4.8，来自 matplotlib 的官方
文档），以及灰度值（从 0 到 1，其中 0 代表黑色，1 代表白色）等。

代码清单 4.8　设置标记边缘和标记本身的颜色

```
 1  fig = plt.figure()
 2
 3  ax1 = fig.add_subplot(2, 2, 1)
 4  ax1.scatter(my_dataset.Zr, my_dataset.Th, marker='o', s=60, c='#8 B0000',
        edgecolor='#000000', label="example using hex RGB colors")
 5  ax1.set_xlabel("Zr [ppm]")
 6  ax1.set_ylabel("Th [ppm]")
 7  ax1.set_xlim([100, 1000])
 8  ax1.set_ylim([0, 100])
 9  ax1.legend()
10
11  ax2 = fig.add_subplot(2, 2, 2)
12  ax2.scatter(my_dataset.Zr, my_dataset.Th, marker='o', s=60, c='r',
        edgecolor='k', label="example using color letters")
13  ax2.set_xlabel("Zr [ppm]")
14  ax2.set_ylabel("Th [ppm]")
15  ax2.set_xlim([100, 1000])
16  ax2.set_ylim([0, 100])
17  ax2.legend()
18
19  ax3 = fig.add_subplot(2, 2, 3)
20  ax3.scatter(my_dataset.Zr, my_dataset.Th, marker='o', s=60, c='blue',
        edgecolor='black', label="example using color names")
21  ax3.set_xlabel("Zr [ppm]")
22  ax3.set_ylabel("Th [ppm]")
23  ax3.set_xlim([100, 1000])
24  ax3.set_ylim([0, 100])
25  ax3.legend()
26
27  ax4 = fig.add_subplot(2, 2, 4)
28  ax4.scatter(my_dataset.Zr, my_dataset.Th, marker='o', s=60, c='0.4',
        edgecolor='0', label="example using color gray levels")
29  ax4.set_xlabel("Zr [ppm]")
30  ax4.set_ylabel("Th [ppm]")
31  ax4.set_xlim([100, 1000])
32  ax4.set_ylim([0, 100])
33  ax4.legend()
34
35  fig.tight_layout()
```

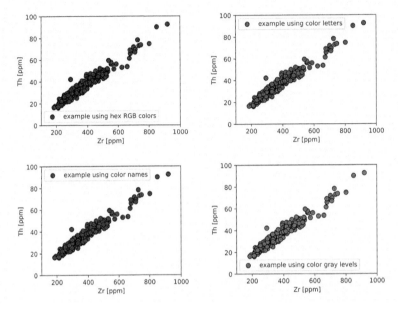

图 4.7　代码清单 4.8 的运行结果

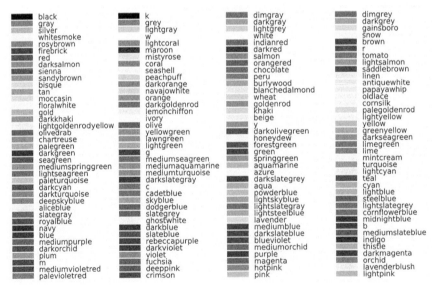

图 4.8　来自 matplotlib 官方文档的颜色名

十六进制 RGB 值（也称为 HEX 码）极大程度上提高了颜色设置的灵活性。HEX 码由符号"#"加 6 位字符组成，6 位字符是由 3 个范围为 00～FF（用十进制表示为 0～255）十六进制值组成的序列。第一个、第二个和第三个十六进制值分别表示红色、绿色和蓝色。

乍一看，HEX 码表示法似乎很难；但是，只需要使用"颜色选择器"选择颜色，就能获得相应的 HEX 码。图 4.9 显示了 Google 提供的颜色选择器，要获得十六进制 RGB 值，只需复制 HEX 框中的编码。

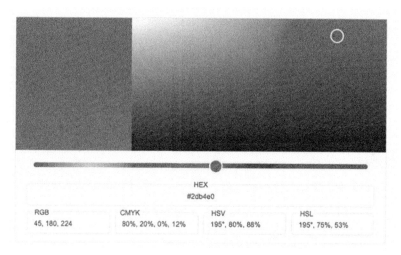

图 4.9   颜色选择器示例

4.3.3   图例

图例是图表的基本元素，有助于识别图中的关键符号。在第 3 章的开头，我们已经看到了如何使用 *ax.legend()* 命令添加图例。需要记住的是，*ax.legend()* 会自动为图中的每个标记创建一个图例条目。

现在，我们通过设置图例的位置和添加标题来定制图例。参数 *loc* 用于设置图例在图中的位置，其值可以设置为"best"（最佳）、"upper right"（右上）、"upper left"（左上）、"lower left"（左下）、"lower right"（右下）、"center left"（左中）、"center"（居中）等。*loc* 可以包含图例左下角的坐标，如代码清单 4.9 所示，其结果如图 4.10 所示。如果没有指定，则 loc 为"best"，意为搜索与其他图形元素的最小重叠。

代码清单 4.9   使用 *loc* 参数定制图例位置

```
1    import pandas as pd
2    import matplotlib.pyplot as plt
3
4    myDataset1 = pd.read_excel('Smith_glass_post_NYT_data.xlsx',
         sheet_name='Supp_traces')
5
6    x = myDataset1.Zr
```

```
7   y = myDataset1.Th
8
9
10  loc_parameters = ['upper right', 'upper left', 'lower left', 'lower
        right','center','center left']
11
12  fig = plt.figure(figsize =(8,4))
13  for i in range(len(loc_parameters)):
14      ax = fig.add_subplot(2,3,i+1)
15      ax.scatter(x, y, marker = 's', color = '#c7ddf4', edgecolor = '
        #000000', label="loc = " + loc_parameters[i])
16      ax.set_xlabel("Zr [ppm]")
17      ax.set_ylabel("Th [ppm]")
18      ax.legend(loc=loc_parameters[i])
19
20  fig.tight_layout()
```

参数 title 用于向图例中添加标题，title_fontsize 用于定义标题的字体。

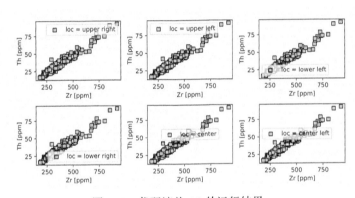

图 4.10　代码清单 4.9 的运行结果

此外，*frameon*（True 或 False）、*ncol*（一个整数）和 *framealpha*（从 0 到 1）分别用于定义图例的框架、列数和透明度（参见代码清单 4.10 和图 4.11）。

代码清单 4.10　定制图例参数

```
1   import pandas as pd
2   import matplotlib.pyplot as plt
3
4   my_dataset = pd.read_excel(
5       'Smith_glass_post_NYT_data.xlsx', sheet_name='Supp_traces')
6
7   my_dataset1 = my_dataset[my_dataset.Epoch == 'one']
8   my_dataset2 = my_dataset[my_dataset.Epoch == 'two']
9
```

```
10  fig = plt.figure()
11  ax1 = fig.add_subplot(2, 1, 1)
12  ax1.scatter(my_dataset1.Zr, my_dataset1.Th, marker='s', color=
        '#c7ddf4 ', edgecolor='#000000', label="First Epoch")
13  ax1.scatter(my_dataset2.Zr, my_dataset2.Th, marker='o', color=
        '#ff464a', edgecolor='#000000', label="Second Epoch")
14  ax1.set_xlabel("Zr [ppm]")
15  ax1.set_ylabel("Th [ppm]")
16  ax1.legend(loc='upper left', framealpha=1, frameon=True, title="Age <
        15 ky", title_fontsize =10)
17
18  ax2 = fig.add_subplot(2, 1, 2)
19  ax2.scatter(my_dataset1.Zr, my_dataset1.Th, marker='s', color=
        '#c7ddf4 ', edgecolor='#000000', label="First Epoch")
20  ax2.scatter(my_dataset2.Zr, my_dataset2.Th, marker='o', color=
        '#ff464a', edgecolor='#000000', label="Second Epoch")
21  ax2.set_xlabel("Zr [ppm]")
22  ax2.set_ylabel("Th [ppm]")
23  ax2.legend(frameon=False, loc='lower right', ncol=2, title="Age <
        15 ky", title_fontsize =10)
24
25  fig.tight_layout()
```

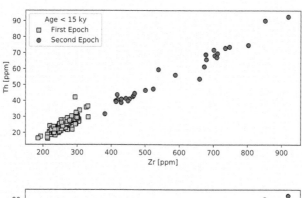

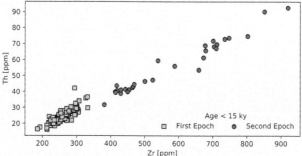

图 4.11　代码清单 4.10 的运行结果

4.3.4   四舍五入小数、文本格式、符号和特殊字符

通常需要对图中（包括图例和注释中）所列数据进行四舍五入或格式化。在这种情况下，*format()*是一个灵活且有用的工具：它允许在字符串和数值格式中插入变量（例如数字或字符串）。它使用占位符将变量插入字符串中（例如{}）。此外，它还可以格式化日期、时间、数字，以及四舍五入小数。为了更好地理解该工具，请参考代码清单 4.11，它给出了使用 *format()* 的实际示例。第 5 行和第 7 行代码通过调用 *format()* 在文本的特定位置插入两个变量 *name* 和 *surname*。另外，第 12～15 行代码展示了如何插入一个值（即阿基米德常数）并将其四舍五入到特定的位数。

代码清单 4.11   熟悉 *format()*

```
1   # Introductory examples
2   name = 'Maurizio'
3   surname = 'Petrelli'
4   print('----------------------------------------------')
5   print('My name is {}'.format(name))
6   print('----------------------------------------------')
7   print('My name is {} and my surname is {}'.format(name, surname))
8   print('----------------------------------------------')
9   # Decimal Number formatting
10  PI = 3.14159265358979323846
11  print('-----------------------------------------------')
12  print("The 2 digit Archimedes' constant is equal to {:.2f}".format(PI))
13  print("The 3 digit Archimedes' constant is equal to {:.3f}".format(PI))
14  print("The 4 digit Archimedes' constant is equal to {:.4f}".format(PI))
15  print("The 5 digit Archimedes' constant is equal to {:.5f}".format(PI))
16  print('-----------------------------------------------')
17
18  '''Results
19  -----------------------------------------------
20  My name is Maurizio
21  -----------------------------------------------
22  My name is Maurizio and my surname is Petrelli
23  -----------------------------------------------
24  -----------------------------------------------
25  The 2 digit Archimedes' constant is equal to 3.14
```

```
26  The 3 digit Archimedes' constant is equal to 3.142
27  The 4 digit Archimedes' constant is equal to 3.1416
28  The 5 digit Archimedes' constant is equal to 3.14159
29  -------------------------------------------------
30  '''
```

另外，代码清单 4.12 还给出了 *format()* 的几种示例，比如，使用正号和负号（第 5 行和第 6 行）、以百分比表示（第 12 行），以及科学记数法（第 18 行和第 19 行）等。

代码清单 4.12　使用 *format()* 格式化数字的更多示例

```
 1  # Explicit positive and negative reporting
 2  a = +5.34352
 3  b = -6.3421245
 4  print('-----------------------------------------------')
 5  print("The plus symbol is not reported: {:.2f} | {:.2f}".format
        (+5.34352, -6.3421245))
 6  print("The plus symbol is reported: {:+.2f} | {:+.2f}".format(a, b))
 7  print('-----------------------------------------------')
 8
 9  # Reporting as percent
10  c = 0.1558
11  print('-----------------------------------------------')
12  print("Reporting as percent: {:.1%}".format(c))
13  print('-----------------------------------------------')
14
15  # Scientific notation
16  d = 6580000000000
17  print('-----------------------------------------------')
18  print("Scientific notation using e: {:.1e}".format(d))
19  print("Scientific notation using E: {:.1E}".format(d))
20  print('-----------------------------------------------')
21
22  '''Results
23  -----------------------------------------------
24  The plus symbol is not reported: 5.34 | -6.34
25  The plus symbol is reported: +5.34 | -6.34
26  -----------------------------------------------
27  -----------------------------------------------
```

```
28   Reporting as percent: 15.6%
29   ----------------------------------------------------
30   ----------------------------------------------------
31   Scientific notation using e: 6.6e+12
32   Scientific notation using E: 6.6E+12
33   ----------------------------------------------------
34   '''
```

另外，转义字符"\"用于在字符串中插入特殊字符（例如当定义字符串"or"时）或执行特定操作（例如换行）。表 4.2 和代码清单 4.13 给出了一些有用的示例。

表 4.2   使用转义字符"\"在字符串中插入特殊字符或执行特定操作

特殊字符	结果	特殊字符	结果	特殊字符	结果
\n	换行	\'	单引号	\"	双引号
\textbackslash	\	\ooo	八进制值	\xhh	十六进制值

代码清单 4.13   如何使用转义字符"\"

```
1    # Go to new line using \n
2    print('----------------------------------------------------')
3    print("My name is\nMaurizio Petrelli")
4
5    # Inserting characters using octal values
6    print('----------------------------------------------------')
7    print("\100 \136 \137 \077 \176")
8
9    # Inserting characters using hex values
10   print('----------------------------------------------------')
11   print("\x23 \x24 \x25 \x26 \x2A")
12   print('----------------------------------------------------')
13
14   '''Output:
15   ----------------------------------------------
16   My name is
17   Maurizio Petrelli
18   ----------------------------------------------
19   @ ^ _ ? ~
```

```
20  ------------------------------------------------
21  # $ % & *
22  ------------------------------------------------
23  '''
```

接下来的挑战是将符号和公式插入图中。在我看来，应用文本格式（如上、下标）、插入符号（如 μ 或 η）或在 matplotlib 中引入特殊字符（如±）等操作最简单、最直接的方法就是使用 TeX 来标记。简而言之，TeX 为高质量的排版系统 LaTeX 提供了基础。事实上，LaTeX 已成为科学文献传播和出版公认的标准。

由于 TeX 和 LaTeX 的教学内容远超出本书的范围，因此请读者参考相关专业图书。了解一些特定的规则和符号将大大提高生成图表的质量。

注意，matplotlib 中的任何文本元素都可以使用高级格式、数学元素和符号。要在 matplotlib 中使用 TeX，需要在定义字符串的引号前加上 *r*（比如，*r*'this is my string'），并将数学表达式放在符号$之间（即$ *a+b=c* $）。代码清单 4.14 展示了一个如何使用 TeX 符来提高图表质量的例子（见图 4.12）。

代码清单 4.14 在 matplotlib 中使用 TeX 符号

```
1   import pandas as pd
2   import matplotlib.pyplot as plt
3   import numpy as np
4
5
6   def my_line(x, m, q):
7       y = m * x + q
8       return y
9
10
11  my_dataset = pd.read_excel('Smith_glass_post_NYT_data.xlsx',
        sheet_name='Supp_majors', engine='openpyxl')
12
13  my_dataset1 = my_dataset[my_dataset.Epoch == 'one']
14  my_dataset2 = my_dataset[my_dataset.Epoch == 'two']
15
16  x = np.linspace(52.5, 62, 100)
17  y = my_line(x, m=0.3, q= -10.3)
18
```

```
19  fig, ax = plt.subplots()
20
21  ax.scatter(my_dataset1.SiO2, my_dataset1.K2O, marker='s', color='#
        c7ddf4', edgecolor='#000000', label=r'$1^{st}$ Epoch')
22  ax.scatter(my_dataset2.SiO2, my_dataset2.K2O, marker='s', color='#
        ff464a', edgecolor='#000000', label=r'$2^{nd}$ Epoch')
23  ax.plot(x, y, color='#342 a77')
24
25  ax.annotate(r'What is the 1$\sigma$ for this point?', xy=(47.6, 6.6),
        xytext =(47, 8.8), arrowprops=dict(arrowstyle="->",
        connectionstyle="arc3"))
26  ax.text(52.4, 5.6, r'$ Na_2O = 0.3 \cdot SiO_2 -10.3$', dict(size =10,
        rotation =33))
27
28  ax.text(53.5, 5.1, r'$ \mu_{SiO_2} = \frac {a_ {1}+ a_ {2}+\ cdots +
        a_{n}}{n}$ = ' + '{:.1f} [wt.%]'.format(57.721), dict(size =11.5))
29
30  ax.set_xlabel(r'SiO$_2$ [wt%]')
31  ax.set_ylabel(r'K$_2$O [wt%]')
32
33  ax.legend()
```

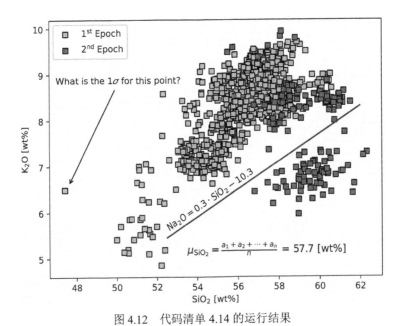

图 4.12　代码清单 4.14 的运行结果

表 4.3 提供了一些常用的 TeX 符号，例如，如何使用上标和下标，插入希腊字母如μ、η、π，以及特殊字符，如$\pm$和∞，或数学表达式，如$\int_a^b x$。

表 4.3   在 matplotlib 中引入 TeX 符号

TeX 符号	结果	TeX 符号	结果	TeX 符号	结果
x^{2}	x^2	x_{2}	x_2	\pm	$\pm$
\alpha	α	\beta	β	\gamma	γ
\rho	ρ	\sigma	σ	\delta	δ
\pi	π	\eta	η	\mu	μ
\int	$\int$	\sum	$\sum$	\prod	$\prod$
\leftarrow	$\leftarrow$	\rightarrow	$\rightarrow$	\uparrow	$\uparrow$
\Leftarrow	$\Leftarrow$	\Rightarrow	$\Rightarrow$	\Uparrow	$\Uparrow$
\infty	∞	\nabla	∇	\partial	∂
\nep	$\neq$	\simeq	$\simeq$	\approx	$\approx$

这个方案的一个缺点是，将 r 添加到字符串引号前就不能对字符串使用 *format()* 和转义字符 "\\"。为了解决这个问题，可以将字符串分割成多个子字符串，然后使用符号+将子字符串连接起来，如代码清单 4.14 的第 28 行代码所示。

4.3.5 二元相图：*plot()* 与 *scatter()* 的比较

在前文中，我们介绍了在二元相图中可视化地质数据的两种不同方法：通过 matplotlib.pyplot 程序包的 *plot()* 和 *scatter()* 函数实现。这两个函数功能类似，通常可以互换。例如，参考代码清单 4.15，它展示了如何用正方形标记绘制二元相图（见图 4.13）。

代码清单 4.15   通常 *plot()* 和 *scatter()* 可以用来完成相同的任务

```
1  import pandas as pd
2  import matplotlib.pyplot as plt
3
4  my_dataset1 = pd.read_excel('Smith_glass_post_NYT_data.xlsx',
```

```
              sheet_name='Supp_traces')
 5
 6  x = my_dataset1.Zr
 7  y = my_dataset1.Th
 8
 9  fig = plt.figure()
10  ax1 = fig.add_subplot(1, 2, 1)
11  ax1.scatter(x, y, marker='s', color='#ff464a', edgecolor='#000000 ')
12  ax1.set_title("using scatter()")
13  ax1.set_xlabel("Zr [ppm]")
14  ax1.set_ylabel("Th [ppm]")
15  ax2 = fig.add_subplot(1, 2, 2)
16  ax2.plot(x, y, marker='s', linestyle='', color='#ff464a',
              markeredgecolor='#000000 ')
17  ax2.set_title("using plot()")
18  ax2.set_xlabel("Zr [ppm]")
19  ax2.set_ylabel("Th [ppm]")
20  fig.tight_layout()
```

当然，*plot()*和 *scatter()*在某些方面有所不同（参考代码清单 4.16）。例如，*plot()*只用一条线连接由(*x, y*)坐标序列定义的点（见图 4.14）。

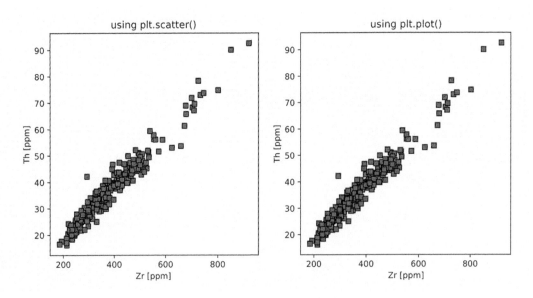

图 4.13　代码清单 4.15 的运行结果

代码清单 4.16 *plot()*和 *scatter()*的主要区别

```python
1  import matplotlib.pyplot as plt
2  import numpy as np
3
4
5  def ec(f, d, c0):
6      cl = c0 / (d * (1-f) + f)
7      return cl
8
9
10 my_f = np.linspace(0.1, 1, 10)
11
12 my_c1 = ec(f=my_f, d=0.1, c0 =100)
13
14 colors = ['#ff9494', '#cbeaa2', '#d1a396', '#828 fc3', '#95 b2e5',
       '#e9b8f4', '#f4b8e5', '#b8f4f2', '#c5f4b8', '#f9ca78 ']
15
16 fig = plt.figure()
17 ax1 = fig.add_subplot(2, 2, 1)
18 ax1.plot(my_f, my_c1, marker='o', linestyle='-', markersize =5)
19 ax1.set_xlabel('F')
20 ax1.set_ylabel('C [ppm]')
21
22 ax2 = fig.add_subplot(2, 2, 2)
23 ax2.scatter(my_f, my_c1, marker='o', s=my_f *150)
24 ax2.set_xlabel('F')
25 ax2.set_ylabel('C [ppm]')
26
27 ax3 = fig.add_subplot(2, 2, 3)
28 ax3.scatter(my_f, my_c1, marker='o', c=colors, s=my_f *150)
29 ax3.set_xlabel('F')
30 ax3.set_ylabel('C [ppm]')
31
32 ax4 = fig.add_subplot(2, 2, 4)
33 ax4.plot(my_f, my_c1, marker='', linestyle='-', zorder =0)
34 ax4.scatter(my_f, my_c1, marker='o', c=colors, s=my_f *150, zorder =1)
35 ax4.set_xlabel('F')
36 ax4.set_ylabel('C [ppm]')
37
38 fig.tight_layout()
```

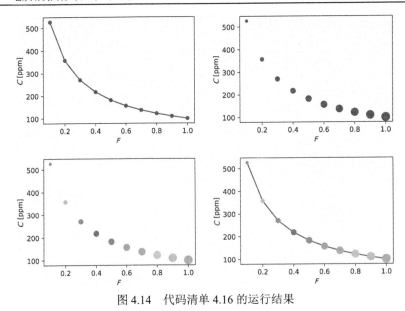

图 4.14　代码清单 4.16 的运行结果

　　表 4.4 列出了使用 *plot()* 绘制个性化图的主要参数。*plot()* 在设置标记的大小和颜色方面不如 *scatter()* 灵活。*plot()* 规定所有标记的大小和颜色必须相同，但 *scatter()* 允许每个标记使用不同的颜色，大小也可以不同。

表 4.4　　　　　　　　　　　　使用 *plot()* 绘制个性化图的主要参数

参数	值	描述
alpha	[0, 1]	设置透明度
color, c	颜色值	设置线条颜色
fillstyle	{'full','left','right','bottom','top', 'none'}	设置标记填充样式
linestyle, ls	{'-','--','-.',':', '' ,(offset,on-off-seq),...}	设置线的样式
linewidth, lw	浮点数	以点为单位设置线宽
marker	标记样式（见表 4.1）	设置标记样式
markeredgecolor, mec	颜色值	设置标记边缘颜色
markeredgewidth, mew	浮点数	设置标记边缘宽度
markerfacecolor, mfc	颜色值	设置标记面的颜色
markersize, ms	浮点数	以磅为单位设置标记大小

例如，图 4.14 显示了标记大小与参数 *F* 成比例，其具体颜色由选择的色条决定（参考代码清单 4.16）。

有时，你可能需要组合使用 *plot()* 和 *scatter()*。例如，如果想绘制并连接一系列颜色和大小均不相同的样本，你可以用 *scatter()* 绘制符号，用 *plot()* 绘制连接线。参数 *zorder* 的值是一个整数，用来定义图层顺序。在代码清单 4.16（第 33 行和第 34 行）中，*zorder* 将符号设置于线上（见图 4.14）。

发布就绪的二元相图示例

最后一项任务是准备发布就绪图（请参考代码清单 4.17）。第 1 行和第 2 行代码导入 pandas 库和 matplotlib.pyplot 模块。第 4 行代码将 Excel 文件导入名为 *my_dataset* 的 DataFrame 中。第 7~9 行代码定义 3 个序列，分别命名为 *epochs*、*colors* 和 *markers*。第 11 行代码生成一个新的空图，然后在第 12 行执行循环，该循环使用 *zip()* 函数遍历 epochs、colors、markers 序列，这样就能够同时迭代两个或多个列表。接下来，第 13 行代码通过使用 Epoch 列中的标签筛选 *my_dataset* 来定义一个名为 *my_data* 的新 DataFrame。第 14 行代码将 *my_data* 的 Zr 与 Th 散点图添加到第 11 行代码生成的图中。最后，添加轴标签（第 16 行和第 17 行）和带有标题的图例（第 18 行）。注意，\n 只在图例标题中用于换行（见图 4.15）。

代码清单 4.17 用 Python 创建一个发布就绪的二元相图

```
1  import pandas as pd
2  import matplotlib.pyplot as plt
3
4  my_dataset = pd.read_excel(
5      'Smith_glass_post_NYT_data.xlsx', sheet_name='Supp_traces')
6
7  epochs = ['one', 'two', 'three', 'three -b']
8  colors = ['#c8b4ba', '#f3ddb3', '#c1cd97', '#e18d96 ']
9  markers = ['o', 's', 'd', 'v']
10
11 fig, ax = plt.subplots()
12 for (epoch, color, marker) in zip(epochs, colors, markers):
13     my_data = my_dataset [( my_dataset.Epoch == epoch)]
14     ax.scatter(my_data.Zr, my_data.Th, marker=marker, s=50, c=color,
           edgecolor='0', label="Epoch " + epoch)
15
16 ax.set_xlabel("Zr [ppm]")
17 ax.set_ylabel("Th [ppm]")
18 ax.legend(title="Phlegraean Fields \n Age < 15 ky")
```

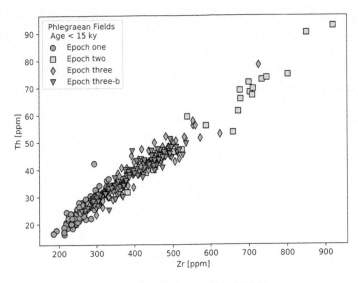

图 4.15   代码清单 4.17 的运行结果

4.4   多元数据可视化：首次尝试

　　seaborn.pairplot() 函数可以用来绘制表现数据集里的成对关系的图。默认情况下，该函数创建一个图表网格，数据集中的每个变量在 y 轴上跨行相等，在 x 轴上跨列相等。在对角线图中，*pairplot()* 函数用于绘制单变量分布图。代码清单 4.18 展示了如何使用 Ba、Zr 和 Th 列的数据生成 *pairplot()* 图。第 1 行和第 2 行代码分别导入了 pandas 和 seaborn 库，第 4 行代码在名为 *my_dataset* 的 DataFrame 中导入了一个 Excel 文件。第 6 行代码通过在 *my_dataset* 中筛选列 Ba、Zr 和 Th 生成一个新的 DataFrame（即 *my_dataset1*）。关于 DataFrame 的筛选和切片的更多内容详见附录 D。最后，第 7 行代码生成了一个 pairpolt 图。代码清单 4.18 的结果如图 4.16 所示。

代码清单 4.18   初次尝试使用 *sns.pairplot()* 可视化多变量数据

```
1   import pandas as pd
2   import seaborn as sns
3
4   my_dataset = pd.read_excel('Smith_glass_post_NYT_data.xlsx',
        sheet_name='Supp_traces')
5
6   my_dataset1 = my_dataset [['Ba', 'Zr', 'Th']]
7   sns.pairplot(my_dataset1)
```

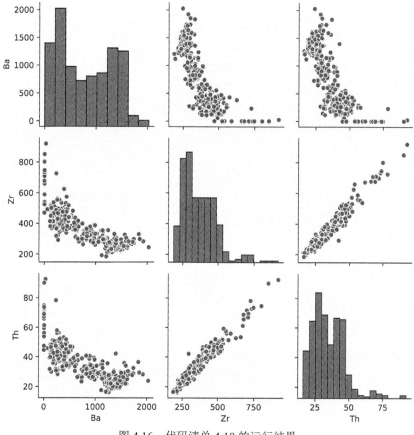

图 4.16　代码清单 4.18 的运行结果

第 5 章
描述统计 1：单变量分析

5.1 描述统计基础

描述统计可用于总结数据集的度量、工具和策略。这些指标是从数据中提取出来的，包括以下信息：数据集的位置或集中趋势、数据变化量（离差）、对称度（偏度）等。位置指标包括算术平均数、几何平均数以及调和平均数，还包括单模态分布的中位数和众数。总体分布是对离差的粗略估计，更精确的估计是方差、标准差和四分位距。偏度可以通过皮尔逊第一偏度系数（Pearson's first coefficient）或费歇尔-皮尔逊偏度系数（Fischer-Pearson coefficient of skewness）等来度量。

5.2 位置

在描述统计中，通常用一个值来描述整个数据集的位置。这个单一值称为集中趋势，比如平均数、中位数和众数等。

5.2.1 平均数

算术平均数 μ_A 是一个数据集中所有数值的平均数，定义如式 5.1：

$$\mu_A = \overline{z} = \frac{1}{n}\sum_{i=1}^{n} z_i = \frac{z_1 + z_2 + \cdots + z_n}{n} \qquad （式 5.1）$$

几何平均数 μ_G 是一种通过数值乘积来表示位置的平均数，定义如式 5.2：

$$\mu_G = (z_1 z_2 \cdots z_n)^{\frac{1}{n}} \qquad \text{（式 5.2）}$$

调和平均数 μ_H 公式如式 5.3：

$$\mu_H = \frac{n}{\dfrac{1}{z_1} + \dfrac{1}{z_2} + \cdots + \dfrac{1}{z_n}} \qquad \text{（式 5.3）}$$

在此后的章节中，若没有明确规定，符号 μ 表示算术平均数。代码清单 5.1 和图 5.1 展示了获得不同均值的方法（该示例是关于化学元素 Zr 的浓度的）。

代码清单 5.1　计算平均值并绘制展示数据集的平均值的图

```
1   import pandas as pd
2   from scipy.stats.mstats import gmean, hmean
3   import matplotlib.pyplot as plt
4
5   my_dataset = pd.read_excel('Smith_glass_post_NYT_data.
        xlsx', sheet_name='Supp_traces')
6
7   a_mean = my_dataset.Zr.mean()
8   g_mean = gmean(my_dataset['Zr'])
9   h_mean = hmean(my_dataset['Zr'])
10
11  print('-------')
12  print('arithmetic mean')
13  print("{0:.1f} [ppm]".format(a_mean))
14  print('-------')
15
16  print('geometric mean')
17  print("{0:.1f} [ppm]".format(g_mean))
18  print('-------')
19
20  print('harmonic mean')
21  print("{0:.1f} [ppm]".format(h_mean))
22  print('-------')
23
24  fig, ax = plt.subplots()
25  ax.hist(my_dataset.Zr, bins='auto', density=True,
        edgecolor='k', label='Measurements Hist', alpha =0.8)
26  ax.axvline(a_mean, color='purple', label='Arithmetic mean',
```

```
         linewidth =2)
27   ax.axvline(g_mean, color='orange', label='Geometric mean',
         linewidth =2)
28   ax.axvline(h_mean, color='green', label='Harmonic mean',
         linewidth =2)
29   ax.set_xlabel('Zr [ppm]')
30   ax.set_ylabel('Probability density')
31   ax.legend()
32
33   '''
34   Output:
35   -------
36   arithmetic mean
37   365.4 [ppm]
38   -------
39   geometric mean
40   348.6 [ppm]
41   -------
42   harmonic mean
43   333.8 [ppm]
44   -------
45   '''
```

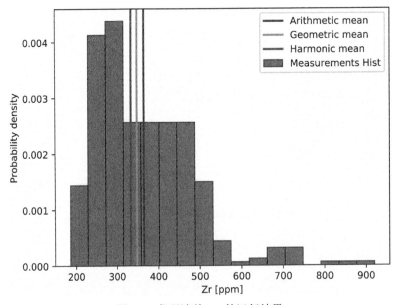

图 5.1 代码清单 5.1 的运行结果

5.2.2 中位数

中位数 M_e 是将数据从最低值到最高值排序后位于中间的数（参见代码清单 5.2 和图 5.2）。因此，为了获得中位数，数据必须按从小到大的顺序排列。如果数据个数是奇数，那么样本中位数就是排序后最中间的数值；如果是偶数，则样本中位数是两个中间值的平均数。

代码清单 5.2　计算中位数并绘制展示中位数的图

```
1  import pandas as pd
2  import matplotlib.pyplot as plt
3
4  my_dataset = pd.read_excel('Smith_glass_post_NYT_data.
       xlsx', sheet_name='Supp_traces')
5
6  median = my_dataset.Zr.median()
7
8  print('-------')
9  print('median')
10 print("{0:.1f} [ppm]".format(median))
11 print('-------')
12
13 fig, ax = plt.subplots()
14 ax.hist(my_dataset.Zr, bins=20, density=True, edgecolor='k',
       label="Measurements Hist", alpha =0.8)
15 ax.axvline(median, color='orange', label='Median',
       linewidth =2)
16 ax.set_xlabel('Zr [ppm]')
17 ax.set_ylabel('Probability density')
18 ax.legend()
19
20 '''
21 Output:
22 -------
23 median
24 339.4 [ppm]
25 -------
26 '''
```

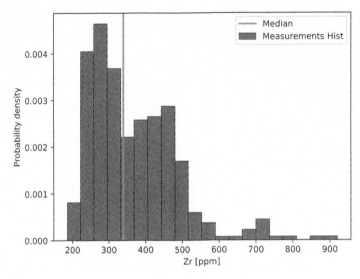

图 5.2 代码清单 5.2 的运行结果

5.2.3 众数

众数 M_o 是数据集中出现频率最高的值。在 Python 中，可以通过代码清单 5.3（结果见图 5.3）的代码获得众数。

代码清单 5.3 计算众数和绘制展示众数的图

```
1  import pandas as pd
2  import numpy as np
3  import matplotlib.pyplot as plt
4
5  my_dataset = pd.read_excel('Smith_glass_post_NYT_data.
       xlsx', sheet_name='Supp_traces')
6
7  hist, bin_edges = np.histogram(my_dataset['Zr'], bins=20,
       density=True)
8  modal_value = (bin_edges[hist.argmax()] + bin_edges[hist
       .argmax() +1])/2
9
10 print('modal value: {0:.0f} [ppm]'.format(modal_value))
11
12 fig, ax = plt.subplots()
13 ax.hist(my_dataset.Zr, bins=20, density=True, edgecolor='k',
       label="Measurements Hist", alpha =0.8)
14 ax.axvline(modal_value, color="orange", label="Modal
```

```
         value", linewidth =2)
15   ax.set_xlabel('Zr [ppm]')
16   ax.set_ylabel('Probability density')
17   ax.legend()
18
19   '''
20   Output: modal value: 277 [ppm]
21   '''
```

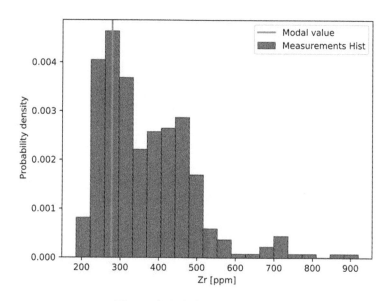

图 5.3　代码清单 5.3 的运行结果

5.3　离差或尺度

在介绍了描述数据集的集中趋势的几个估计量之后，现在介绍描述数据变异性的指标。极差、方差和标准差都是离差（即变异性）的估计值。

5.3.1　极差

数据变异性的第一个粗略估计是它的极差 R，该值是数据集最大值和最小值的差值（见代码清单 5.4 和图 5.4），如式 5.4：

$$R = z_{\max} - z_{\min} \qquad （式 5.4）$$

代码清单 5.4 计算极差并绘制展示极差的图

```
1   import pandas as pd
2   import matplotlib.pyplot as plt
3
4   my_dataset = pd.read_excel('Smith_glass_post_NYT_data.
        xlsx', sheet_name='Supp_traces')
5
6   my_range = my_dataset['Zr'].max()- my_dataset['Zr'].min()
7
8   print('-------')
9   print('Range')
10  print("{0:.0f}".format(my_range))
11  print('-------')
12
13  fig, ax = plt.subplots()
14  ax.hist(my_dataset.Zr, bins =20, density=True, edgecolor='
        k', label='Measurements Hist')
15  ax.axvline(my_dataset['Zr'].max(), color='purple', label=
        'Max value', linewidth =2)
16  ax.axvline(my_dataset['Zr'].min(), color='green', label='
        Min value', linewidth =2)
17  ax.axvspan(my_dataset['Zr'].min(), my_dataset['Zr'].max()
        , alpha =0.1, color='orange', label='Range = ' + "{0:.0
        f}".format(my_range) + ' ppm')
18  ax.set_xlabel('Zr [ppm]')
19  ax.set_ylabel('Probability density')
20  ax.legend()
```

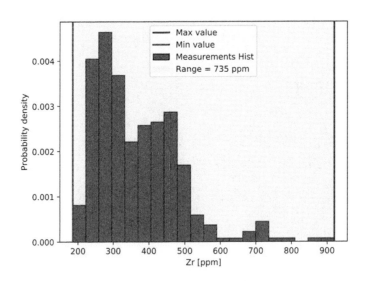

图 5.4 代码清单 5.4 的运行结果

5.3.2 方差和标准差

总体分布 σ_p^2 和样本分布 σ_s^2 的方差定义为式 5.5 和式 5.6：

$$\sigma_p^2 = \frac{\sum_{i=1}^n (z_i - \mu)^2}{n} \qquad\qquad (式\,5.5)$$

$$\sigma_s^2 = \frac{\sum_{i=1}^n (z_i - \mu)^2}{n-1} \qquad\qquad (式\,5.6)$$

标准差 σ 为方差的平方根，如式 5.7 和式 5.8：

$$\sigma_p = \sqrt{\sigma_p^2} = \sqrt{\frac{\sum_{i=1}^n (z_i - \mu)^2}{n}} \qquad\qquad (式\,5.7)$$

$$\sigma_s = \sqrt{\sigma_s^2} = \sqrt{\frac{\sum_{i=1}^n (z_i - \mu)^2}{n-1}} \qquad\qquad (式\,5.8)$$

样本分布的方差 σ_s^2 和标准差 σ_s 可以用 pandas 来计算，如代码清单 5.5 所示，所得到的运行结果如图 5.5 所示。

代码清单 5.5　计算方差和标准差并绘制展示方差和标准差的图

```
1  import pandas as pd
2  import matplotlib.pyplot as plt
3
4  my_dataset = pd.read_excel('Smith_glass_post_NYT_data.
      xlsx', sheet_name='Supp_traces')
5
6  variance = my_dataset['Zr']. var()
7  stddev = my_dataset['Zr']. std()
8
9  print('-------')
10 print('Variance')
11 print("{0:.0f} [square ppm]".format(variance))
12 print('-------')
13 print('Standard Deviation')
```

```
14   print("{0:.0f} [ppm]".format(stddev))
15   print('-------')
16
17   fig, ax = plt.subplots()
18   ax.hist(my_dataset.Zr, bins= 20, density = True,
         edgecolor='k', label='Measurements Hist')
19   ax.axvline(my_dataset['Zr']. mean()-stddev, color='purple'
         , label=r'mean - 1$\sigma$', linewidth =2)
20   ax.axvline(my_dataset['Zr']. mean()+stddev, color='green',
         label=r'mean + 1$\sigma$', linewidth =2)
21   ax.axvspan(my_dataset['Zr']. mean()-stddev, my_dataset['Zr
         ']. mean()+stddev, alpha =0.1, color='orange', label=r'
         mean $\pm$ 1$\sigma$ ')
22   ax.set_xlabel('Zr [ppm]')
23   ax.set_ylabel('Probability density')
24   ax.legend()
25
26   '''
27   Output:
28   -------
29   Variance
30   14021 [square ppm]
31   -------
32   Standard Deviation
33   118 [ppm]
34   -------
35   '''
```

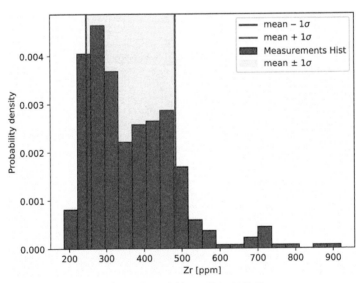

图 5.5　代码清单 5.5 的运行结果

在 pandas 中，要估计总体分布的方差和标准差，需要更改 Delta 自由度 ddof（Delta Degrees of Freedom，DDoF）。默认情况下，*var()* 和 *std()* 命令设置 *ddof=1*，通过 $n-1$ 归一化测量值。设置 *var(ddof = 0)* 和 *std(ddof = 0)*，分别计算 σ_p^2 和 σ_p。使用相同的 *var()* 和 *std()* 命令，也可以估计 NumPy 数组的方差和标准差。与 pandas 不同，NumPy 中计算总体分布的方差 σ_p^2 和标准差 σ_p 时，*var()* 和 *std()* 默认设置 *ddof=0*。

5.3.3 四分位距

在描述统计中，四分位距是 75% 和 25% 的差值，或者说是上四分位数和下四分位数的差值（参见代码清单 5.6 和图 5.6）。参数 interpolation 的含义请参考官方文件。

代码清单 5.6　计算四分位距和绘制展示四分位距的图

```
 1  import pandas as pd
 2  import numpy as np
 3  import matplotlib.pyplot as plt
 4
 5  my_dataset = pd.read_excel('Smith_glass_post_NYT_data.
        xlsx', sheet_name='Supp_traces')
 6
 7  q1 = np.percentile(my_dataset.Zr, 25, interpolation = '
        midpoint')
 8  q3 = np.percentile(my_dataset.Zr, 75, interpolation = '
        midpoint')
 9
10  iqr = q3 - q1 # Interquaritle range(IQR)
11
12  print('-------')
13  print('Interquaritle range(IQR): {0:.0f} [ppm]'.format(
        iqr))
14  print('-------')
15
16  fig, ax = plt.subplots()
17  ax.hist(my_dataset.Zr, bins='auto', density=True,
        edgecolor='k', label='Measurements Hist')
18  ax.axvline(q1, color='purple', label='Q1', linewidth =2)
19  ax.axvline(q3, color='green', label='Q3', linewidth =2)
20  ax.axvspan(q1, q3, alpha =0.1, color='orange', label='
        Interquaritle range(IQR)')
21  ax.set_xlabel('Zr [ppm]')
22  ax.set_ylabel('Probability density')
23  ax.legend()
24
25  '''
```

```
26  Output:
27  -------
28  Interquaritle range(IQR): 164 [ppm]
29  -------
30  '''
```

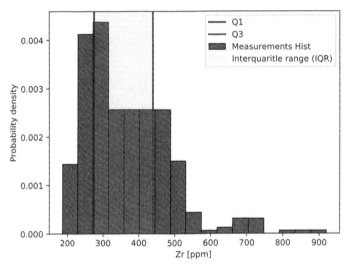

图 5.6　代码清单 5.6 的运行结果

5.4　偏度

在介绍了集中趋势和变异性信息的各种指标之后，我们现在可以开始分析反映分布形状的偏度。

偏度是一个关于数值分布对称性的统计参数。在分布对称的情况下，算术平均数、中位数和众数相等：$\mu_A = M_e = M_o$。请注意，这 3 个值相等虽然是对称分布的必要条件，但并不能说明分布一定对称。但是这 3 个值不一致则表示偏态分布。当 $M_o < M_e < \mu_A$ 和 $\mu_A < M_e < M_o$ 时，数值分别呈右偏分布、左偏分布。

Zr 的浓度分布为 $M_o < M_e < \mu_A$，即呈右偏态（见代码清单 5.7 和图 5.7）。

代码清单 5.7　偏度定性测试

```
1  import pandas as pd
2  import numpy as np
3  import matplotlib.pyplot as plt
```

```
4
5   my_dataset = pd.read_excel('Smith_glass_post_NYT_data.
        xlsx', sheet_name='Supp_traces')
6
7   a_mean = my_dataset.Zr.mean()
8
9   median = my_dataset.Zr.median()
10
11  hist, bin_edges = np.histogram(my_dataset['Zr'], bins =20,
        density=True)
12  modal_value = (bin_edges[hist.argmax()] + bin_edges[hist
        .argmax() +1])/2
13
14  fig, ax = plt.subplots()
15  ax.hist(my_dataset.Zr, bins=20, density=True, edgecolor='
        k', label="Measurements Hist")
16  ax.axvline(modal_value, color='orange', label='Modal
        Value', linewidth =2)
17  ax.axvline(median, color='purple', label='Median Value',
        linewidth =2)
18  ax.axvline(a_mean, color='green', label='Arithmetic mean
        ', linewidth =2)
19  ax.set_xlabel('Zr [ppm]')
20  ax.set_ylabel('Probability density')
21  ax.legend()
```

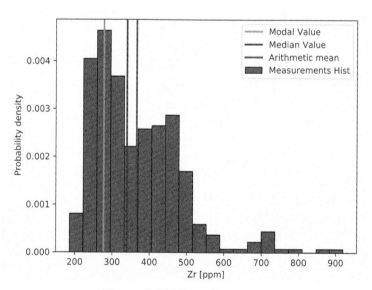

图 5.7　代码清单 5.7 的运行结果

除此之外还有如下样本分布偏度参数。皮尔逊第一偏度系数，如式 5.9：

$$\alpha_1 = \frac{(\mu - M_o)}{\sigma_s} \qquad (\text{式 } 5.9)$$

皮尔逊第二偏度矩（Pearson's second moment of skewness），如式 5.10：

$$\alpha_2 = \frac{3(\mu - M_e)}{\sigma_s} \qquad (\text{式 } 5.10)$$

费歇尔-皮尔逊偏度系数，如式 5.11：

$$g_1 = \frac{m_3}{m_2^{3/2}} \qquad (\text{式 } 5.11)$$

其中，如式 5.12：

$$m_i = \frac{1}{N} \sum_{n=1}^{N} (x[n] - \mu)^i \qquad (\text{式 } 5.12)$$

在 Python 中，可以确定参数 α_1、α_2 和 g_1，如代码清单 5.8 所示。

代码清单 5.8   计算偏度

```
1  import numpy as np
2  from scipy.stats import skew
3
4  a_mean = my_dataset.Zr.mean()
5  median = my_dataset.Zr.median()
6  hist, bin_edges = np.histogram(my_dataset['Zr'], bins =20,
       density=True)
7  modal_value = (bin_edges[hist.argmax()] + bin_edges[hist.
       argmax() +1])/2
8  standard_deviation = my_dataset['Zr']. std()
9
10 a1 = (a_mean - modal_value) / standard_deviation
11 a2 = 3 * (a_mean - median) / standard_deviation
12 g1 = skew(my_dataset['Zr'])
13
14 print('-------')
15 print("Pearson's first coefficient of skewness: {:.2f}".
       format(a1))
16 print("Pearson's 2nd moment of skewness: {:.2f}".format(
       a2))
17 print("Fisher -Pearson's coefficient of skewness: {:.2f}"
```

```
          .format(g1))
18  print('-------')
19
20  '''
21  Output:
22  -------
23  Pearson's first coefficient of skewness: 0.74
24  Pearson's 2nd moment of skewness: 0.66
25  Fisher -Pearson's coefficient of skewness: 1.26
26  -------
27  '''
```

5.5 pandas 中的描述统计

正如 pandas 官方文件所述，*describe()*命令用于生成描述统计，总结数据分布的集中趋势、离差和形状，不包括 NaN（非数字）值（参见代码清单 5.9）。

代码清单 5.9 使用 pandas 生成描述统计

```
1   import pandas as pd
2
3   my_dataset = pd.read_excel('Smith_glass_post_NYT_data.
        xlsx', sheet_name='Supp_traces')
4
5   statistics = my_dataset [['Ba','Sr','Zr','La']]. describe()
6
7   print(statistics)
8
9   '''
10  Output:
11                   Ba           Sr           Zr           La
12  count     370.000000   369.000000   370.000000   370.000000
13  mean      789.733259   516.422115   365.377397    74.861088
14  std       523.974960   241.922439   118.409962    18.256772
15  min         0.000000     9.541958   185.416567    45.323289
16  25%       297.402777   319.667551   274.660242    61.745228
17  50%       768.562055   490.111131   339.412064    71.642167
18  75%      1278.422645   728.726116   438.847368    83.670805
19  max      2028.221963  1056.132069   920.174406   169.550008
20  '''
```

5.6 箱形图

箱形图（又称箱线图）使用四分位距来描述一组数值数据。此外，从箱子延伸出来的线（即"箱须"）表示上、下四分位数以外的变化。异常值有时会以单独的符号表示。具体来说，箱子的底部和顶部总是分别代表第一个和第三个四分位数。箱内总是画一条线来表示第二个四分位数（即中位数）。在 matplotlib 中，默认的箱须长度为 1.5 乘四分位距。不在箱须之间的数据都是异常值。如代码清单 5.10 和图 5.8 所示，使用 matplotlib 库可以定义一个箱形图。注意，*dict()* 用于定义字典（见第 2 章）。此外，代码清单 5.11 和图 5.9 强调了如何使用 seaborn 库绘制箱形图。

代码清单 5.10 使用 matplotlib 绘制箱形图

```
1   import pandas as pd
2   import matplotlib.pyplot as plt
3
4   my_dataset = pd.read_excel('Smith_glass_post_NYT_data.
        xlsx', sheet_name='Supp_traces')
5
6   fig, ax = plt.subplots()
7   my_flierprops = dict(markerfacecolor='#f8e9a1',
        markeredgecolor='#24305e', marker='o')
8   my_medianprops = dict(color='#f76c6c', linewidth = 2)
9   my_boxprops = dict(facecolor='#a8d0e6', edgecolor='#24305e')
10  ax.boxplot(my_dataset.Zr, patch_artist = True, notch=True
        , flierprops=my_flierprops, medianprops=my_medianprops
        , boxprops=my_boxprops)
11  ax.set_ylabel('Zr [ppm]')
12  ax.set_xticks([1])
13  ax.set_xticklabels(['all Epochs'])
14  plt.show()
```

代码清单 5.11 使用 seaborn 绘制箱形图

```
1   import pandas as pd
2   import matplotlib.pyplot as plt
3   import seaborn as sns
4
5   my_dataset = pd.read_excel('Smith_glass_post_NYT_data.
        xlsx', sheet_name='Supp_traces')
6
```

```
7   fig, ax = plt.subplots()
8   ax = sns.boxplot(x="Epoch", y="Zr", data=my_dataset,
        palette="Set3")
```

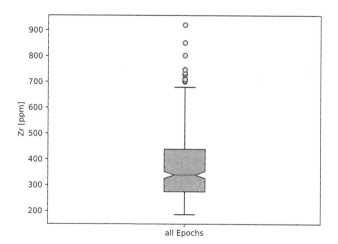

图 5.8　代码清单 5.10 的运行结果

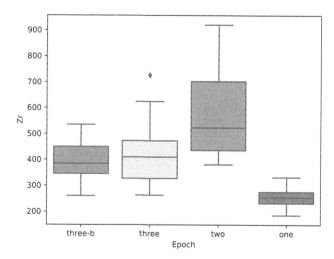

图 5.9　代码清单 5.11 的运行结果

第 6 章
描述统计 2：双变量分析

6.1 协方差和相关性

本章研究如何描绘两个变量之间的关系，这属于双变量统计领域的内容。首先，参考图 6.1，它是由代码清单 6.1 生成的。正如你所看到的，图 6.1 中的两幅图有所不同。通过对第 5 章的学习，我们知道如何用位置（如算术平均值）、离差（如标准差）和形状（如偏度）等指标来描述图 6.1 中出现的每个变量（如 La、Ce、Sc 和 U）。

代码清单 6.1　两个变量之间的线性关系

```
 1   import pandas as pd
 2   import matplotlib.pyplot as plt
 3
 4   my_dataset = pd.read_excel('
         Smith_glass_post_NYT_data.xlsx', sheet_name='
         Supp_traces')
 5
 6   fig = plt.figure()
 7   ax1 = fig.add_subplot(2,1,1)
 8   ax1.scatter(my_dataset.La, my_dataset.Ce, marker='o'
         , edgecolor='k', color='#c7ddf4', label='CFC
         recent Activity')
 9   ax1.set_xlabel('La [ppm]')
10   ax1.set_ylabel('Ce [ppm]')
11   ax1.legend()
12
13   ax2 = fig.add_subplot(2,1,2)
14   ax2.scatter(my_dataset.Sc, my_dataset.U, marker='o',
         edgecolor='k', color='#c7ddf4', label='CFC
```

```
    recent Activity')
15  ax2.set_xlabel('Sc [ppm]')
16  ax2.set_ylabel('U [ppm]')
17  ax2.legend()
```

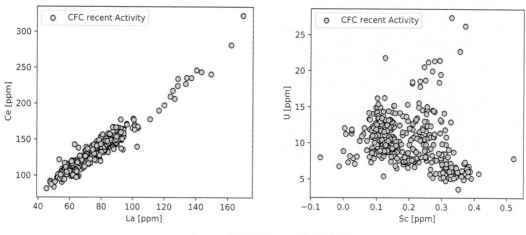

图 6.1　代码清单 6.1 的运行结果

　　尽管这些指标描述单一变量很有用，但无法描述变量之间的关系。例如，La 与 Ce 的关系图清楚地显示了 Ce 的浓度随 La 的浓度的增加而增加，反之则反。数学家们用协方差及相关概念来描述这种情况。而 Sc 的浓度和 U 的浓度之间的关系不能简单地定义。

　　定义　由两个随机变量 X 和 Y 得到的两组单变量样本 x 和 y，它们的协方差可以用来度量两者的联合变异性，即它们的相关程度如式 6.1 所示：

$$\mathrm{Cov}_{xy} = \frac{\sum_{i=1}^{n}(y_i - \overline{y})(x_i - \overline{x})}{n-1}$$

（式 6.1）

$\mathrm{Cov}_{xy} > 0$ 表示 Y 与 X 呈正相关，$\mathrm{Cov}_{xy} < 0$ 表示二者呈负相关。如果 X 和 Y 相互独立，则 $\mathrm{Cov}_{xy} = 0$。请注意，尽管相互独立的变量总是不相关的，但反过来却未必成立。

　　注意，协方差取决于两个变量的大小，但它并不能表示这种相互关系的强度。但协方差归一化（即相关系数）能够解决这个问题，相关系数范围为 $-1 \sim 1$，其大小表示线性关系的强度。

　　式 6.2 定义了两个联合的单变量数据集 X 和 Y 的相关系数 r_{xy}，用协方差 Cov_{xy} 和标准差 σ_{sx}、σ_{sy} 表征：

$$r_{xy} = \frac{\text{Cov}_{xy}}{\sigma_{sx}\sigma_{sy}} = \frac{\sum_{i=1}^{n}(y_i - \overline{y})(x_i - \overline{x})}{\sqrt{\sum_{i=1}^{n}(y_i - \overline{y})^2 \sum_{i=1}^{n}(x_i - \overline{x})^2}} \qquad (\text{式 } 6.2)$$

根据定义，r_{xy} 尺度不变，即它不依赖于样本值的大小。r_{xy} 满足式 6.3 所示的关系：

$$-1 \leqslant r_{xy} \leqslant 1 \qquad (\text{式 } 6.3)$$

基于 pandas 的 DataFrame，*cov()* 和 *corr()* 函数很容易就能计算协方差和相关矩阵。协方差矩阵是展示 DataFrame 中变量之间的协方差 Cov_{xy} 的表格，矩阵中的每个单元格的内容为两个变量之间的协方差。相关矩阵与协方差矩阵逻辑相同，但给出的是相关系数。后者对角线元素均一致，相当于自相关系数。

代码清单 6.2 和图 6.2 展示了图 6.1 中的元素（即 Ce、La、Sc 和 U）的协方差和相关矩阵的计算过程和图形表示。

代码清单 6.2　协方差和相关矩阵计算

```
1   import pandas as pd
2   import matplotlib.pyplot as plt
3   import seaborn as sns
4
5   my_dataset = pd.read_excel('
        Smith_glass_post_NYT_data.xlsx', sheet_name='
        Supp_traces')
6
7   my_sub_dataset = my_dataset [['Ce','La','U','Sc']]
8
9   cov = my_sub_dataset.cov()
10  cor = my_sub_dataset.corr()
11
12  fig = plt.figure(figsize =(11,5))
13
14  ax1 = fig.add_subplot(1,2,1)
15  ax1.set_title('Covariance Matrix')
16  sns.heatmap(cov, annot=True, cmap='cividis', ax=
        ax1)
17
18  ax2 = fig.add_subplot(1,2,2)
```

```
19  ax2.set_title('Correlation Matrix')
20  sns.heatmap(cor, annot=True, vmin= -1, vmax=1,
        cmap='coolwarm', ax=ax2)
21
22  fig.tight_layout()
```

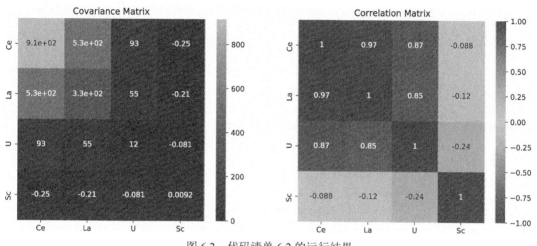

图 6.2　代码清单 6.2 的运行结果

请注意，r_{xy} 接近于 0 仅表示 X 和 Y 不是线性相关的，不排除存在其他关系。

为了评估非线性关系，需要使用其他参数。例如，斯皮尔曼秩相关系数（Spearman rank-order correlation coefficient）是两个数据集之间关系单调性的非参数度量。与皮尔逊相关系数（Pearson's correlation coefficient）一样，斯皮尔曼秩相关系数范围为−1 ～ 1，0 表示不相关，−1 或 1 表示明确的单调关系。正相关表示 Y 随着 X 的增加而增加。相反，负相关意味着 Y 随着 X 的增加而减少。在 Python 中，可以使用函数 *scipy.stats.spearmanr()* 计算斯皮尔曼秩相关系数以及相关的置信度（即 *p*-value）。

6.2　简单线性回归

基于因变量 Y 和自变量 X，我们可以定义一个线性模型，如式 6.4：

$$Y = \beta_0 + \beta_1 X + \epsilon \qquad （式 6.4）$$

其中，β_0 为截距，β_1 为斜率，ϵ 为残差。利用最小二乘法使每个点到所求直线（式 6.4）的垂直距离的平方和最小，即利用式 6.5 和式 6.6 计算 β_1 和 β_0：

$$\beta_1 = \frac{\sum_{i=1}^{n}\left(y_i - \overline{y}\right)\left(x_i - \overline{x}\right)}{\sum_{i=1}^{n}\left(x_i - \overline{x}\right)^2} = \frac{\mathrm{Cov}_{xy}}{\sigma_{sx}^2} = r_{xy}\frac{\sigma_{sy}}{\sigma_{sx}} \qquad （式 6.5）$$

$$\beta_0 = \overline{y} - \beta_1\overline{x} \qquad （式 6.6）$$

相关系数的平方 r_{xy}^2（当 $0 \leqslant r_{xy}^2 \leqslant 1$ 时）通常用于对给定回归模型的质量进行初始评估。

对模型更详尽的评价，需要详细分析误差（即误差分析），这将在第 10 章中讨论。

Python 包含许多实现一阶线性回归的最小二乘法的函数。例如 scipy 统计模块中的 *linregress()* 函数（参考代码清单 6.3 和图 6.3），以及 statmodels 中的线性回归模块。

代码清单 6.3　对图 6.1 中的数据应用最小二乘线性回归

```
1   import pandas as pd
2   import scipy.stats as st
3   import numpy as np
4   import matplotlib.pyplot as plt
5
6   my_dataset = pd.read_excel('
        Smith_glass_post_NYT_data.xlsx', sheet_name='
        Supp_traces')
7
8   fig = plt.figure()
9   ax1= fig.add_subplot(2,1,1)
10  ax1.scatter(my_dataset.La, my_dataset.Ce, marker=
        'o', edgecolor='k', color='#c7ddf4', label='
        CFC recent Activity')
11  b1, b0, rho_value, p_value, std_err = st.
        linregress(my_dataset.La, my_dataset.Ce)
12  x = np.linspace(my_dataset.La.min(),my_dataset.La
        .max())
13  y = b0 + b1*x
14  ax1.plot(x, y, linewidth=1, color='#ff464a',
        linestyle='--', label=r"fit param.: $\beta_0$
        = " + '{:.1f}'.format(b0) + r" - $\beta_1$ = "
         + '{:.1f}'.format(b1) + r" - $r_{xy }^{2}$ =
        " + '{:.2f}'.format(rho_value **2))
15  ax1.set_xlabel('La [ppm]')
16  ax1.set_ylabel('Ce [ppm]')
```

```
17  ax1.legend(loc= 'upper left')
18
19  ax2 = fig.add_subplot(2,1,2)
20  ax2.scatter(my_dataset.Sc, my_dataset.U, marker='
        o', edgecolor='k', color='#c7ddf4', label='CFC
        recent Activity')
21  b1, b0, rho_value, p_value, std_err = st.
        linregress(my_dataset.Sc, my_dataset.U)
22  x = np.linspace(my_dataset.Sc.min(),my_dataset.Sc
        .max())
23  y = b0 + b1*x
24  ax2.plot(x, y, linewidth=1, color='#ff464a',
        linestyle='--', label=r"fit param.: $\beta_0$
        = " + '{:.1f}'.format(b0) + r" - $\beta_1$ = "
         + '{:.1f}'.format(b1) + r" - $r_{xy }^{2}$ =
        " + '{:.2f}'.format(rho_value **2))
25  ax2.set_xlabel('Sc [ppm]')
26  ax2.set_ylabel('U [ppm]')
27  ax2.legend(loc= 'upper left')
```

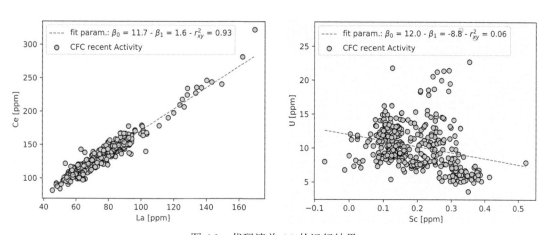

图 6.3　代码清单 6.3 的运行结果

6.3　多项式回归

式 6.4 定义的线性模型可以推广为 n 阶多项式：

$$Y = \beta_0 + \beta_1 X + \beta_2 X^2 + \beta_3 X^3 + \cdots + \beta_n X^n + \epsilon \qquad\qquad (式 6.7)$$

当 $n>1$ 时，函数 $Y(X)$ 是非线性的，但回归模型仍然是线性的，因为回归参数 $\beta_0, \beta_1, \beta_2, \cdots,$ β_n 在式 6.7 中是线性的。

例如，假设在一定时间间隔内采集一个地质量（例如泉水的流量），并且希望用二阶、三阶和四阶多项式模型进行拟合。代码清单 6.4 展示了如何在 Python 中使用 *numpy.polyfit()* 函数来实现该任务（参见代码清单 6.4 和图 6.4）。

代码清单 6.4　*n* 阶多项式回归

```
 1  import numpy as np
 2  import matplotlib.pyplot as plt
 3
 4  x = np.arange(1,6)
 5  y = np.array([0,1,2,9,9])
 6
 7  fig, ax = plt.subplots()
 8  ax.scatter(x, y, marker = 'o', s = 100, color = '#
        c7ddf4', edgecolor = 'k')
 9
10  orders = np.array([2,3,4])
11  colors =['#ff464a','#342 a77','#4881 e9']
12  linestiles = ['-','--','-.']
13
14  for order, color, linestile in zip(orders, colors,
        linestiles):
15      betas = np.polyfit(x, y, order)
16      func = np.poly1d(betas)
17      x1 = np.linspace(0.5,5.5, 1000)
18      y1 = func(x1)
19      ax.plot(x1, y1, color=color, linestyle=linestile
        , label="Linear model of order " + str(order))
20
21  ax.legend()
22  ax.set_xlabel('A quantity relevant in geology\n(e.g
        ., time)')
23  ax.set_ylabel('A quantity relevant in geology\n(e.g
        ., spring flow rate)')
24  fig.tight_layout()
```

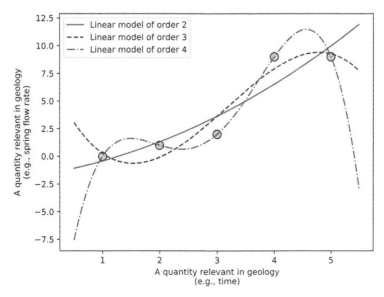

图 6.4　代码清单 6.4 的运行结果

6.4　非线性回归

在回归分析中，线性和非线性描述的不是 Y 和 X 之间的关系，而是线性或非线性方程的回归参数。例如，式 6.4 和式 6.7 的回归模型都是线性的，式 6.8 的回归模型也是线性的。式 6.7 和式 6.8 可以转化为线性形式（即式 6.9 和式 6.10）。

$$Y = \beta_0 + \beta_1 \log(X) + \epsilon \tag{式 6.8}$$

例如，设式 6.7 中的 $X^2 = X_2$，$X^3 = X_3, \cdots, X^n = X_n$，式 6.8 中的 $\log(X) = X_1$，得到的方程都是线性的：

$$Y = \beta_0 + \beta_1 X + \beta_2 X_2 + \beta_3 X_3 + \cdots + \beta_n X_n + \epsilon \tag{式 6.9}$$

$$Y = \beta_0 + \beta_1 X_1 + \epsilon \tag{式 6.10}$$

一般情况下，在线性模型中，所有回归参数都是以线性形式输入方程的，这个过程可能发生在对数据进行转换之后。相反，在非线性模型中，Y 与某些自变量之间的关系是非线性的，或者某些参数以非线性形式出现，则不可能通过变换使参数以线性形式出现。表 6.1 提供了一个检查列表，用于确定线性回归是否适合你的数据。

表 6.1	线性回归适合你的地质数据集吗
问题	**详述**
X 和 Y 的关系是线性的吗	对于许多地质应用，X 和 Y 的关系是非线性的，这使得线性回归不适合你的数据集。你应该转换数据或进行非线性曲线拟合
拟合线周围数据的数据服从正态分布吗	线性回归分析假设数据服从正态分布
变异性在任何地方都一样吗	线性回归假定最佳拟合线周围的数据在整个曲线上具有相同的标准偏差。如果 X 值较高或较低的点离最佳拟合线较远，则违反了这一假设（即同质性）
X 值是否精确已知	最小二乘法线性回归模型假设 X 值是完全正确的，这意味着与 Y 的变异性相比，X 的变异性非常小，而实验误差或地质变异性只影响 Y 值
数据点是否独立	一个点是高于还是低于最佳拟合线是一个偶然的问题，并不影响另一个点是高于还是低于最佳拟合线
X 和 Y 值是否交织在一起	如果可以用 X 来计算 Y（反之亦然），那么线性回归计算是无效的

岩石学中非线性回归的一个实例是利用"晶体-晶格-应变模型"来解释实验数据。具体来说，该模型为岩浆体系中的分配系数 D_i 的量化提供了一个概念框架，D_i 由下面的式 6.11 给出：

$$D_i = D_0 \exp\left\{ \dfrac{-4\pi E N_A \left[\dfrac{r_0}{2}(r_i - r_0)^2 + \dfrac{1}{3}(r_i - r_0)^3 \right]}{RT} \right\} \qquad (\text{式 6.11})$$

其中，T 是温度，r_i 是一组等价微量元素 i 的半径，r_0 是晶格应变最小的理想元素的半径（D_i 最大），D_0 是半径为 r_0 的理想元素的分配系数，E 是杨氏模量，N_A 和 R 分别为阿伏加德罗常数和摩尔气体常数。如果要画出 $\log 10(D_i)$ 与 r_i 的关系图，式 6.11 将以离子半径绘制近似抛物线曲线。

通常，r_0、D_0 和 E 是通过非线性回归方程（式 6.11）拟合计算得到，D_i 则通过实验确定。

在 Python 中，函数 *scipy.optimize.curve_fit()* 应用非线性最小二乘法进行函数拟合，并实现从 D_i 的实验结果中提取 r_0、D_0 和 E。*curve_fit()* 基于 3 种算法：信赖域反射算法、矩形信赖域的 dogleg 算法和 Levenberg-Marquardt 算法。关于控制非线性回归算法的详细描述超出了本书的范围，但可以在更专业的图书中找到。例如，代码清单 6.5 是对其他学者研究结果的复制。

代码清单 6.5　在"晶体-晶格-应变模型"框架下，用最小二乘非线性回归方法从 D_i 的实验集中提取 r_0、D_0 和 E。

```
1   import numpy as np
2   import matplotlib.pyplot as plt
3   from scipy.optimize import curve_fit
4
5   def func(r, r0, D0, E):
6       R=8.314462618
7       scale = 1e-21 # r in Angstrom(r^3 -> 10^ -30 m)
        , E is GPa(10^9 Pa)
8       T = 800 + 273.15
9       Na =6.02 e23
10      return D0*np.exp((-4*np.pi*E*Na*((r0/2)*(r-r0)
        **2+(1/3) *(r-r0)**3)*scale)/(R*T))
11
12  def add_elements(ax):
13      # to plot the name of the elements on the
        diagram
14      names = ['La', 'Ce', 'Nd', 'Sm', 'Eu', 'Gd', '
        Dy', 'Er', 'Yb', 'Lu', 'Y', 'Sc']
15      annotate_xs = np.array([1.172 + 0.01, 1.15 +
        0.01, 1.123 + 0.01, 1.098 - 0.031, 1.087 -
        0.028, 1.078 - 0.04, 1.052 + 0.005, 1.03 +
        0.02, 1.008 + 0.01, 1.001 - 0.015, 1.04 -0.02,
        0.885 - 0.03])
16      annotate_ys = np.array([0.468 + 0.1, 1.050 +
        0.2, 10.305 + 3, 31.283 - 13, 45.634 -17,
        74.633 - 30, 229.279 + 80, 485.500, 583.828
        +200, 460.404 -220, 172.844 -70, 141.630])
17
18       for name, annotate_x, annotate_y in zip(names,
        annotate_xs, annotate_ys):
19          ax.annotate(name, (annotate_x, annotate_y))
20
21  Di = np.array([0.468, 1.050, 10.305, 31.283,
        45.634, 74.633, 229.279, 485.500, 583.828,
        460.404, 172.844, 141.630])
22  I_r = np.array([1.172, 1.15, 1.123, 1.098, 1.087,
        1.078, 1.052, 1.03, 1.008, 1.001, 1.04, 0.885])
23
```

```
24   fig = plt.figure(figsize =(9,5))
25
26   # Trust Region Reflective algorithm
27   ax1 = fig.add_subplot(1,2,1)
28   ax1.set_title("Trust Region Reflective algorithm")
29   ax1.scatter(I_r, Di, s=80, color='#c7ddf4',
         edgecolors='k', label='4 GPa - 1073 K, Kessel
         et al., 2005 ')
30
31   popt1, pcov1 = curve_fit(func, I_r, Di, method='trf
         ', bounds =([0.8,0,0],[1.3,1000,1000]))
32
33   x1 = np.linspace(0.85,1.2,1000)
34   y1 = func(x1,popt1 [0], popt1 [1], popt1 [2])
35   ax1.plot(x1,y1, color='#ff464a', linewidth=2,
         linestyle ='--', label=r'$r_0$ = ' + '{:.3f}'.
         format(popt1 [0]) + r', $D_0$ = ' + '{:.0f}'.
         format(popt1 [1]) +', E = ' + '{:.0f}'.format(
         popt1 [2]))
36   add_elements(ax = ax1)
37   ax1.set_yscale('log')
38   ax1.set_xlabel(r'Ionic Radius($\AA$)')
39   ax1.set_ylabel(r'$D_i$ ')
40   ax1.set_ylim(0.005,3000)
41   ax1.legend()
42
43   # Levenberg -Marquardt algorithm
44   ax2 = fig.add_subplot(1,2,2)
45   ax2.set_title("Levenberg -Marquardt algorithm")
46   ax2.scatter(I_r, Di, s=80, color='#c7ddf4',
         edgecolors='k', label='4 GPa - 1073 K, Kessel
         et al., 2005 ')
47
48   popt2, pcov2 = curve_fit(func, I_r, Di, method='lm'
         , p0 =(1.1,100,100))
49
50   x2 = np.linspace(0.85,1.2,1000)
51   y2 = func(x2,popt2 [0], popt2 [1], popt2 [2])
52   ax2.plot(x2,y2, color='#4881 e9', linewidth=2,
         linestyle ='--', label=r'$r_0$ = ' + '{:.3f}'.
         format(popt2 [0]) + r', $D_0$ = ' + '{:.0f}'.
         format(popt2 [1]) +', E = ' + '{:.0f}'.format(
         popt2 [2]))
53   add_elements(ax = ax2)
54   ax2.set_yscale('log')
```

```
55  ax2.set_xlabel(r'Ionic Radius($\AA$)')
56  ax2.set_ylabel(r'$D_i$ ')
57  ax2.set_ylim(0.005,3000)
58  ax2.legend()
59
60  fig.tight_layout()
```

图 6.5 展示了以 r_0、D_0 和 E（见代码清单 6.5 的第 31 行）为界限的信赖域反射算法和初始模拟 r_0、D_0、E 的 Levenberg-Marquardt 算法（见代码清单 6.5 第 48 行，p0）对式 6.11 的最佳拟合。这两种算法都返回了相同的最佳拟合参数（见图 6.5）。

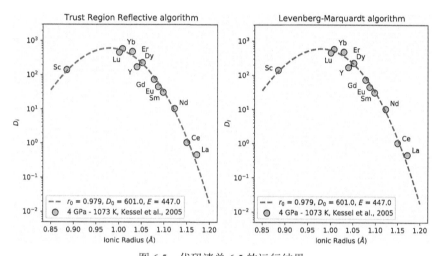

图 6.5　代码清单 6.5 的运行结果

第三部分

地质学中的积分与微分方程

第 7 章
数值积分

7.1 定积分

从操作层面看，积分主要涉及两类不同的问题。第一类是不定积分，它是在已知导数的情况下，求原函数。第二类是定积分，它是将大量极小值累加，求面积、体积和重心等。

对大部分地质应用来说，涉及积分的问题都可以简化为定积分问题。

通俗定义：关于变量 x 的函数 f，其在实数区间 $[a,b]$ 上的定积分 S 是指，由 $f(x)$、x 轴、直线 $x=a$ 和直线 $x=b$ 所围区域的面积（见图 7.1）。

注意：x 轴上方，面积为正数，x 轴下方，面积为负数，定积分为上下区域的面积之和（见图 7.2）。

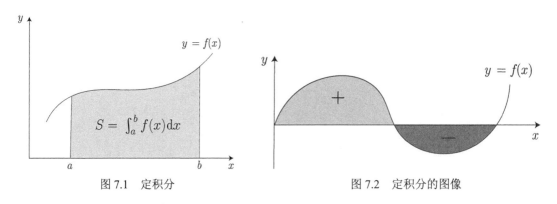

图 7.1 定积分   图 7.2 定积分的图像

7.2 积分的基本性质

定积分有一些有趣的性质，这些性质通常可以将复杂问题简单化，以下为 3 种基本性质。

区间可加性：

$$\int_a^b f(x)\mathrm{d}x + \int_b^c f(x)\mathrm{d}x = \int_a^c f(x)\mathrm{d}x \qquad (式 7.1)$$

$$\int_a^a f(x)\mathrm{d}x = 0 \qquad (式 7.2)$$

$$\int_a^b f(x)\mathrm{d}x = -\int_b^a f(x)\mathrm{d}x \qquad (式 7.3)$$

常数可积性：

$$\int_a^b cf(x)\mathrm{d}x = c\int_a^b f(x)\mathrm{d}x \qquad (式 7.4)$$

代数运算可积性：

$$\int_a^b [f(x) + g(x)]\mathrm{d}x = \int_a^b f(x)\mathrm{d}x + \int_a^b g(x)\mathrm{d}x \qquad (式 7.5)$$

7.3 定积分的解析解和数值解

一般来说，解析方法可以精确求解定积分，但并不总是能奏效的。相反，数值计算方法给出了包含容差（由已知置信界限表征的误差）的近似解。此外，当函数仅在离散点进行经验估计时，数值计算解决大多数地质采样问题（例如火山地区的挥发通量）的唯一手段。

关于定积分解析解的详细描述超出了本书的范围，因此在下文中，我将简单地给出微积分基本定理的定义（无须证明），并基于 Python 中的符号法列举几个示例。即使在 $f(x)$ 没有数学定义（仅已知 $f(x)$ 部分确定值）的情况下，我们仍将围绕求解定积分的算法，对数值计算方法展开详细讨论。

7.4　微积分的基本定理和解析解

7.4.1　微积分的基本定理

微积分的基本定理阐述了微分和积分之间的解析关系。该定理由两部分组成，第一部分建立了微分和积分之间的关系。

第一部分　如果 $F(x)$ 在区间 $[a,b]$ 上连续，且函数 $F(x)$ 的定义为：

$$F(x) = \int_a^x f(t)\,\mathrm{d}t \qquad （式 7.6）$$

则在区间 $[a,b]$ 上 $F'(x) = f(x)$，$F(x)$ 为 $f(x)$ 的"原函数"。

定理的第二部分为，如果能够确定被积函数的原函数，就可以通过积分区间端点处的原函数值之差求出定积分。

第二部分　如果 $f(x)$ 在区间 $[a,b]$ 上连续，且 $F(X)$ 为 $f(x)$ 的原函数，那么

$$\int_a^b f(t)\,\mathrm{d}t = F(b) - F(a) \qquad （式 7.7）$$

7.4.2　解析解：Python 中的符号法

符号计算可以对数学表达式进行符号化处理和求解。与求解数值解类似，在符号计算中，数学对象追求精确，而不是近似。此外，可以把含有未知变量的表达式看作一个符号化的对象。在 Python 中，SimPy 包使用符号法来简化表达式，计算导数、积分、极限，以及求解方程、处理矩阵等。

图 7.3 所示的是一个简单的代码示例，它展示了如何使用 SimPy 来求解如下两个定积分：

$$\int_1^6 12x^3 - 9x^2 + 2\,\mathrm{d}x = [3x^4 - 3x^3 + 2x]_1^6 = 3252 - 2 = 3250 \qquad （式 7.8）$$

$$\int_0^1 \sin(x)\,\mathrm{d}x = [-\cos(x)]_0^1 = 1 - \cos(1) \simeq 0.46 \qquad （式 7.9）$$

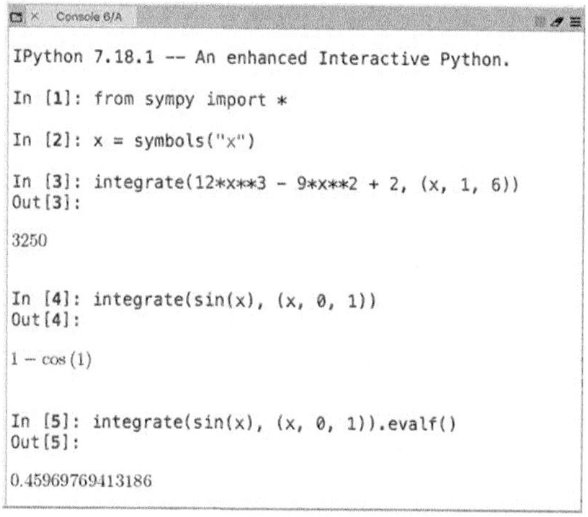

```
□ X   Console 6/A

IPython 7.18.1 -- An enhanced Interactive Python.

In [1]: from sympy import *

In [2]: x = symbols("x")

In [3]: integrate(12*x**3 - 9*x**2 + 2, (x, 1, 6))
Out[3]:

3250

In [4]: integrate(sin(x), (x, 0, 1))
Out[4]:

1 - cos(1)

In [5]: integrate(sin(x), (x, 0, 1)).evalf()
Out[5]:

0.45969769413186
```

图 7.3　基于 SimPy 的符号积分

7.5　定积分的数值解

7.5.1　矩形法

　　最简单的定积分近似计算方法之一是将积分区域分割成很多等宽、不等高的矩形，然后将每个矩形的面积相加，即可得到曲线下方区域的面积（即定积分，见图 7.4）：

$$\int_a^b f(x)\mathrm{d}x \approx h\sum_{i=0}^{n-1} f(x_i)\qquad（式 7.10）$$

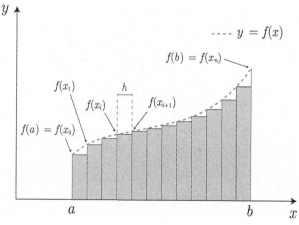

图 7.4　"左矩形"近似法计算定积分

其中 n 为矩形的数量，$x_0 = a$，$x_n = b$，并且

$$h = \frac{b-a}{n} \tag{式 7.11}$$

式 7.10 和图 7.4 是用"左矩形"近似法计算定积分的。其他方法包括"右矩形"法（式 7.12）、"中点矩形"法（式 7.13），具体如图 7.5 所示：

$$\int_a^b f(x)\mathrm{d}x \approx h\sum_{i=1}^{n} f(x_i) \tag{式 7.12}$$

$$\int_a^b f(x)\mathrm{d}x \approx h\sum_{i=0}^{n-1} \frac{f(x_i) + f(x_{i+1})}{2} \tag{式 7.13}$$

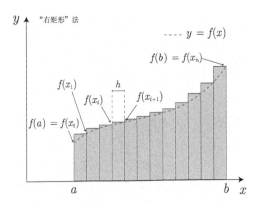

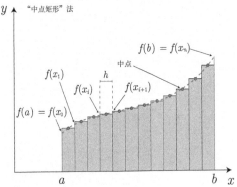

图 7.5　"右矩形"法和"中点矩形"法求定积分

用矩形填充大致能够得到接近 $f(x)$ 的积分区域。并且，端点 a 和 b 之间的矩形越多，未覆盖的面积就越小，定积分的近似解也就越精确。

我们可以用 Python 编写一个简单的程序来实现用矩形法求定积分（见代码清单 7.1）。

代码清单 7.1 用矩形法求定积分

```
 1  import numpy as np
 2
 3  def integrate_rec(f, a, b, n):
 4      # Implementation of the rectanlge method
 5      h = (b-a)/n
 6      x = np.linspace(a, b, n+1)
 7      i=0
 8      area =0
 9      while i<n:
10          sup_rect = f(x[i])*h
11          area += sup_rect
12          i += 1
13      return area
14  '''
15  We test the Rectangle method on the sine funcion
        were the definite integral in the interval [0,
        π /2] is equal to 1.
16  '''
17
18  sup_5 = integrate_rec(np.sin, 0, np.pi/2, 5)
19  sup_10 = integrate_rec(np.sin, 0, np.pi/2, 10)
20  sup_100 = integrate_rec(np.sin, 0, np.pi/2, 100)
21
22  print('Using n=5, the rectangle method returns a
        value of {:.2f}'.format(sup_5))
23  print('Using n=10, the rectangle method returns a
        value of {:.2f}'.format(sup_10))
24  print('Using n=100, the rectangle method returns
        a value of {:.2f}'.format(sup_100))
25
26  '''
27  Output:
28  Using n=5, the rectangle method returns a value
        of 0.83
29  Using n=10, the rectangle method returns a value
        of 0.92
30  Using n=100, the rectangle method returns a value
        of 0.99
31  '''
```

7.5.2 梯形法

梯形法的原理与矩形法类似。只不过梯形法是用梯形来填充 *f*(x)下的积分区域，而不是矩形（见图 7.6）。

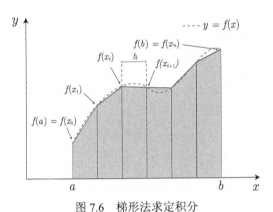

图 7.6 梯形法求定积分

式（7.14）和代码清单 7.2 分别为梯形法的数学表达式和 Python 实现代码。

$$S = \int_a^b f(x)\mathrm{d}x \approx h\left[\frac{f(x_0)+f(x_n)}{2} + \sum_{i=1}^{n-1}f(x_i)\right] \qquad （式 7.14）$$

代码清单 7.2 用梯形法求定积分

```
1   import numpy as np
2
3   def integrate_trap(f, a, b, n):
4       # Implementation of the trapezoidal rule
5       h = (b-a)/n
6       x = np.linspace(a, b, n+1)
7       i=1
8       area = h*(f(x[0]) + f(x[n]))/2
9       while i<n:
10          sup_rect = f(x[i])*h
11          area += sup_rect
12          i += 1
13      return area
14
15  '''
16  We test the trapezoidal rule on the known sine
        funcion were the
17  definite integral in the interval [0, π /2] is
        equal to 1.
```

```
18  '''
19
20  sup_5 = integrate_trap(np.sin, 0, np.pi/2, 5)
21  sup_10 = integrate_trap(np.sin, 0, np.pi/2, 10)
22
23  print('Using n=5, the trapezoidal rule returns a
        value of {:.2f}'.format(sup_5))
24  print('Using n=10, the trapezoidal rule returns a
        value of {:.2f}'.format(sup_10))
25
26  '''
27  Output:
28  Using n=5, the trapezoidal rule returns a value
        of 0.99
29  Using n=10, the trapezoidal rule returns a value
        of 1.00
30  '''
```

7.5.3　基于 scipy 的梯形法和复合辛普森法

scipy.integrate 程序包包含多种求解定积分的方法，包括前面提到的梯形法和本小节将介绍的复合辛普森法。

复合辛普森法是使用二次函数对连续子区间进行积分的方法（见图 7.7）。

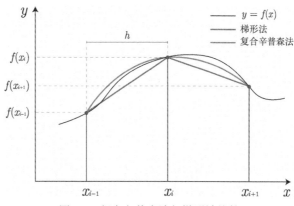

图 7.7　复合辛普森法与梯形法比较

由此得到的定积分计算公式如下：

$$S = \int_a^b f(x)\mathrm{d}x \approx \frac{h}{3}\sum_{i=1}^{n/2}[f(x_{2i-2}) + 4f(x_{2i-1}) + f(x_{2i})] \qquad （式 7.15）$$

其中 n 是偶数，表示将积分区间 $[a,b]$ 划分为 n 个子区间，分割方法与矩形法和梯形法的相同。

代码清单 7.3 使用 scipy.integrate 程序包对方程 $y=x^2$ 用梯形法和复合辛普森法进行积分（见图 7.8）。

代码清单 7.3 用梯形法和复合辛普森法对方程 $y=x^2$ 进行积分

```
1  import numpy as np
2  from scipy import integrate
3
4
5  x = np.linspace(0,9, 3) # 3 divisions [x0, x1, x2], n=2
6  y = x**2
7
8  sup_trapz = integrate.trapz(y,x)
9  sup_simps = integrate.simps(y,x)
10
11
12 print('Using n=2, the trapezoidal rule returns a
        value of {:.0f}'.format(sup_trapz))
13 print('Using n=2, the composite Simpson rule
        returns a value of {:.0f}'.format(sup_simps))
14
15 '''
16 Output:
17 Using n=2, the trapezoidal rule returns a value
        of 273
18 Using n=2, the composite Simpson rule returns a
        value of 243
19 '''
```

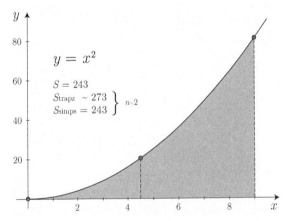

图 7.8 利用梯形法和复合辛普森法在区间 $[0,9]$ 上对方程 $y=x^2$ 积分

7.6　计算地质构造体积

一些地质构造的体积无法用简单几何方法近似计算，但可以用定积分近似计算。例如，油气储量估算，这是油气勘探开发最基本、也是应用最广泛的任务之一。

定性来说，为了近似计算一个固体的体积，可以把它切割成很多小块，对每一块进行几何体量化（例如梯形棱柱），然后估算体积，最后把所有小块的体积加起来，就能得到所求固体的体积。

定量来说，假设将固体切成很多薄片，并且两个相邻薄片之间的距离无穷小，就可以将该过程转化为定积分问题：

$$V = \int_a^b A(x)\mathrm{d}x \qquad\qquad （式\,7.16）$$

其中 V 是指物体从 $x = a$ 到 $x = b$ 部分的体积，$A(x)$ 是平行于 yOz 面，且经过$(x,0,0)$的切面的面积（见图 7.9）。

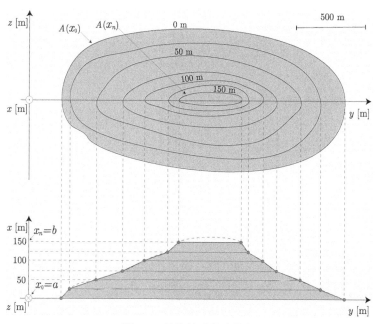

图 7.9　计算地质构造体积

代码清单 7.4 展示了如何使用式 7.16 计算图 7.9 所示地质构造的体积。

代码清单 7.4 使用式 7.16 计算图 7.9 所示地质构造体积

```
1  import numpy as np
2  from scipy import integrate
3
4  conturs_areas = np.array([194135, 136366, 79745,
        38335, 18450, 9635, 3895])
5  x = np.array([0,25,50,75,100,125,150])
6
7  vol_traps = integrate.trapz(conturs_areas, x)
8  vol_simps = integrate.simps(conturs_areas, x)
9
10 print('The trapezoidal rule returns a volume of
        {:.0f} cubic meters'.format(vol_traps))
11 print('The composite Simpson rule returns a
        volume of {:.0f} cubic meters'.format(
        vol_simps))
12
13 '''
14 Output:
15 The trapezoidal rule returns a volume of 9538650
        cubic meters
16 The composite Simpson rule returns a volume of
        9431367 cubic meters
17 '''
```

7.7 计算岩石静压力

岩石静压力为上覆岩石的重量在一定深度产生的垂直压力。在重力加速度作用下，静止岩体（假设绝热压缩、流体静力平衡、球状对称）产生的压力与岩体密度有关，公式如下：

$$p(z) = p_0 + \int_{z_1=0}^{z} \rho(z_1) g(z_1) \mathrm{d}z_1 \qquad \text{（式 7.17）}$$

其中 $p(z)$ 为岩体在深度 z 处产生的压力，p_0 为地表压力，$\rho(z_1)$ 为岩体密度随深度变化的函数，$g(z_1)$ 为重力加速度。

在零阶近似法中，假设 $p_0 = 0$ 且 $\rho(z)$ 和 $g(z)$ 为常数，则式 7.17 可简化为：

$$p(z) = \rho g z \qquad \text{（式 7.18）}$$

代码清单 7.5 展示了如何在 Python 中实现式 7.18。

代码清单 7.5　简单展示在 Python 中实现式 7.18

```
1   def simple_lithopress(z,ro=2900, g=9.8):
2       pressure = z*g*ro/1e6 # return the pressure in MPa
3       return pressure
4
5   my_pressure = simple_lithopress(z=2000)
6   print('The pressure at 2000 meters is {0:.0f} MPa'.
        format(my_pressure))
7
8   '''
9   Output: The pressure at 2000 meters is 57 MPa
10  '''
```

现在来看式 7.17，假设 ρ 在地球内部圈层（即地壳、上地幔、下地幔、外核和内核）的上下限之间是线性变化的，利用获取的数据创建 ρ(z) 一阶近似数组（见表 7.1、代码清单 7.6 和图 7.10）。

表 7.1　　　　　　　　　地球内部圈层及其密度

圈层	以地心开始的半径/km	结束的半径/km	厚度/km	底部密度/kg/m³	顶部密度/kg/m³
内核	1	1220	1220	13100	12800
外核	1221	3479	2259	12200	9900
下地幔	3480	5650	2171	5600	4400
上地幔	5651	6370	720	4130	3400
地壳	6371	6400	30	3100	2700

代码清单 7.6　定义地球内部密度

```
1   import numpy as np
2   from scipy.integrate import trapz
3   import matplotlib.pyplot as plt
4
5   r = np.linspace(1,6400,6400)
6
```

```
 7  def density():
 8      ro_inner_core = np.linspace(13100, 12800,
            1220)
 9      ro_outer_core = np.linspace(12200, 9900,
            2259)
10      ro_lower_mantle = np.linspace(5600,4400,2171)
11      ro_upper_mantle = np.linspace(4130,3400,720)
12      ro_crust = np.linspace(3100,2700,30)
13
14      ro_final = np.concatenate(( ro_inner_core,
        ro_outer_core, ro_lower_mantle,
        ro_upper_mantle, ro_crust))
15
16      return ro_final
17
18  ro = density()
19
20  fig, ax = plt.subplots()
21  ax.plot(r,ro, label="Densities on the Earth's
            Interior")
22  ax.set_ylabel(r"Density [kg/m$^3$]")
23  ax.set_xlabel("Distance from the Earth center r [km]")
24  ax.legend()
25  ax.grid()
```

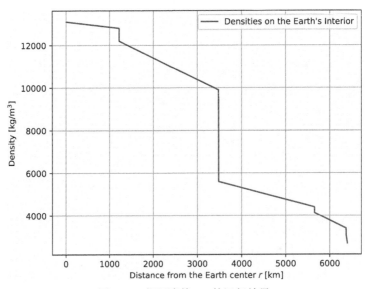

图 7.10 代码清单 7.6 的运行结果

为了简化数据的表示，可以定义一个新变量 $r = R - z$（到地心的距离），其中 $R \approx 6400 \text{km}$，为近似球体的地球半径。

距离地心 r 处的重力加速度 $g(r)$ 由以下表达式估算：

$$g(r) = \frac{4\pi G}{r^2} \int_{r_1=0}^{r} \rho(r_1) r_1^2 \, dr_1 \qquad (\text{式 7.19})$$

其中 $G = (6.67408 \pm 0.0031) \times 10^{-11} \text{m}^3 \text{kg}^{-1} \text{s}^{-2}$，为"万有引力常数"（参见代码清单 7.7 和图 7.11）。最后，代码清单 7.8 展示了式 7.17 的实现过程（结果见图 7.12），z 的取值范围为从地表（$z = 0\text{km}$）到地心（$z \approx 6400\text{km}$）。

代码清单 7.7 计算在地球内部的重力加速度

```
1   def gravity(r):
2
3       g = np.zeros(len(r))
4       Gr = 6.67408e-11
5       r = r * 1000 # from Km to m
6
7       for i in range(1,len(r)):
8
9           r1 = r[0:i]
10          ro1 = ro[0:i]
11          r2 = r1[i-1]
12
13          y = ro1*r1**2
14          y_int = trapz(y,r1)
15
16          g1 = ((4 * np.pi*Gr)/(r2 **2)) * y_int
17          g[i] = g1
18
19      return g
20
21  g = gravity(r)
22
23  fig, ax = plt.subplots()
24  ax.plot(r,g)
25  ax.grid()
26  ax.set_ylabel(r'g [m/s$^2$]$')
27  ax.set_xlabel('Distance from the Earth center r [km]')
```

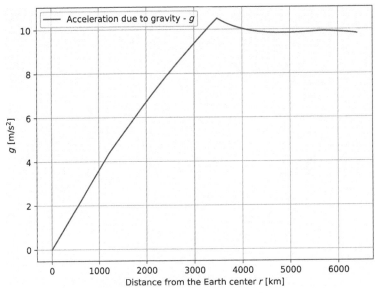

图 7.11 代码清单 7.7 的运行结果

代码清单 7.8 计算地球内部的压力

```
1  def pressure(r, ro, g):
2
3      p = np.zeros(len(r))
4      r = r *1000
5
6      for i in range(0,len(r)):
7          r1 = r[i:len(r)]
8          ro1 = ro[i:len(r)]
9          g1 = g[i:len(r)]
10         y = ro1*g1
11         p1 = trapz(y,r1)
12         p[i] = p1
13     return p
14
15 p = pressure(r,ro,g)/1e9 # expressed in GPa
16 z = np.linspace(6400, 1, 6400)
17
18 fig, ax = plt.subplots()
19 ax.plot(z,p)
20 ax.grid()
21 ax.set_ylabel('P [GPa]')
22 ax.set_xlabel('Depth z from the Earth Surface [km]')
```

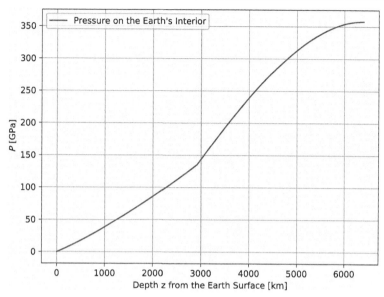

图 7.12　代码清单 7.8 的运行结果

第 8 章
微分方程

8.1　引言

定义　微分方程是含有一个或多个函数及其导数的方程式。

定性地说，微分方程描述的是一个变量相对于另一个变量的变化率，例如，放射物原子数随时间的变化率或岩浆冷却过程中温度随时间的变化率。如果方程只包含一元函数，称之为常微分方程（ordinary diffevential equation, ODE）。换言之，一个常微分方程仅存在一个自变量。进一步说，一个常微分方程包含一个自变量（如 t）、一个因变量如（$y = N(t)$），以及因变量对自变量的导数（如 dN/dt）。除了自变量、因变量和导数，其余均为常数。放射性衰变定律（即单位时间内放射性物质的变化）即可表示为常微分方程：

$$\frac{dN}{dt} = -\lambda N(t) \qquad\qquad （式 8.1）$$

其中 $N(t)$ 为 t 时刻放射性元素的原子核数，λ 为衰变常数，表示单位时间内每个原子核的衰变概率。

而偏微分方程（partial differential eguation, PDE）包含偏导数，有两个或两个以上自变量。菲克第二定律就属于偏微分方程：

$$\frac{\partial C}{\partial t} = D\frac{\partial^2 C}{\partial x^2} \qquad\qquad （式 8.2）$$

其中 C 为扩散物质的体积浓度，D 是常数，表示扩散系数。

求解微分方程，需要找到可以用自变量（即式 8.1 中的 t）表示因变量（即式 8.1 中的 $N(t)$）的表达式。根据定义，常微分方程包含导数，因此需要通过积分求解。常微分方程的通解需满足所有初始条件，是函数和一个或多个常数的组合。常微分方程的特解为任意常数确定后的解。常微分方程和偏微分方程可以用解析方法和数值方法求解。虽然本章内容的重点是使用 Python 求微分方程的数值解，但你也可以对解析解展开探索。

8.2 常微分方程

如上文所述，常微分方程仅包含一元函数的导数。常微分方程中最高阶导数的阶数为该方程的阶数。n 阶常微分方程形式如下：

$$\frac{\mathrm{d}^n y}{\mathrm{d} x^n} = y^{(n)} = f(x, y, y', y'', \cdots, y^{(n-1)})　　　（式 8.3）$$

其中 f 为已知函数。

如果方程中的未知函数是线性的，则该常微分方程就是线性的，否则就是非线性的。

一阶常微分方程的方向场

方向场是一阶常微分方程的基本信息，不需要实际求解。由以上内容可知，一阶微分方程可以表达为：

$$y' = f(x, y)　　　（式 8.4）$$

方向场是一组穿过指定点的线段，线段在给定点处的斜率满足微分方程。

目前，Python 没有提供绘制简单方向场的方法。不过，我们可以开发一个函数（见代码清单 8.1）。图 8.1 展示了用代码清单 8.1 绘制的常微分方程（如式 8.5）的方向场：

$$y' = \frac{x^2}{1 - x^2 - y^2}　　　（式 8.5）$$

代码清单 8.1　定义方向场绘制函数

```
1  import numpy as np
2  from matplotlib import pyplot as plt
3
4  # Direction Field
5  def direction_field(x_min, x_max, y_min, y_max, n_step, lenght, fun
     , ax):
6
7      # this is to avoid RuntimeWarning: divide by zero
8      np.seterr(divide='ignore', invalid='ignore')
9
```

```
10        x = np.linspace(x_min, x_max, n_step)
11        y = np.linspace(y_min, y_max, n_step)
12        X, Y = np.meshgrid(x, y)
13        slope = fun(X,Y)
14        slope = np.where(slope == np.inf, 10**3, slope)
15        slope = np.where(slope == -np.inf, -10**3, slope)
16        delta = lenght * np.cos(np.arctan(slope))
17        X1 = X - delta
18        X2 = X + delta
19        Y1 = slope *(X1 -X)+Y
20        Y2 = slope *(X2 -X)+Y
21        ax.plot([X1.ravel(), X2.ravel()], [Y1.ravel(), Y2.ravel()], 'k-
          ', linewidth =1)
22
23   # Differential equations
24   def my_ode(x, y):
25        dy_dx = x**2 / (1 - x**2 - y**2)
26        return dy_dx
27
28   # Make the plot
29   fig, ax1 = plt.subplots()
30   direction_field(x_min=-2, x_max=2, y_min=-2, y_max=2, n_step=30,
          lenght =0.05, fun=my_ode, ax=ax1)
31   ax1.set_xlabel('x')
32   ax1.set_ylabel('y')
33   ax1.axis('square')
34   ax1.set_title(r"$ {y}' = - \frac{x^2}{1 - x^2 - y^2} $")
```

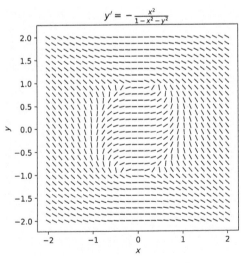

图 8.1　代码清单 8.1 的结果（ $y' = -\dfrac{x^2}{1-x^2-y^2}$ 的方向场）

至此，你应该已经知道代码清单 8.1 中大多数指令的含义。第 8 行和第 12 行的语句比较特殊。第 8 行代码是为了避免调用第 13 行的函数时显示除以零的警告。当除以零时，程序的返回值可能为 inf、-inf 或者 NaN 值。针对前两种情况，第 14 行和第 15 行代码将斜率"调整"为"大"数（如 1000 和-1000），以绘制方向场中的垂直线段。对于 NaN 值这种情况，程序则不会在格网点上绘制任何内容。

第 12 行中的 *np.meshgrid(x, y)* 命令用于根据两个坐标向量返回两个坐标矩阵。更具体一点，它创建了两个矩阵数组：一个是 *x* 值，一个是 *y* 值。根据这两个矩阵，我们可以得到一个直角坐标网格。这种方法特别适合处理空间数据。

Matplotlib 库中的 *quiver()* 方法提供了另一种求解一阶常微分方程的方法。具体来说，它使用以下公式：

$$\frac{\mathrm{d}x}{\mathrm{d}t} = B(x, y)$$
$$\frac{\mathrm{d}y}{\mathrm{d}t} = A(x, y)$$

（式 8.6）

式 8.6 的优势是可以直接使用 *quiver()* 函数来显示[x,y]空间中的速度矢量。类似地，*streamplot()* 函数可以将常微分方程的解可视化为流线。例如，代码清单 8.2 实现了速度场的方向场和流线：

$$\frac{\mathrm{d}x}{\mathrm{d}t} = x + 2y, \frac{\mathrm{d}y}{\mathrm{d}t} = -2x$$

（式 8.7）

图 8.2 的左右面板中分别显示了 *quiver()* 和 *streamplot()* 函数的运行结果。

quiver() 和 *streamplot()* 函数也可以用于研究标准形式 $y' = f(x, y)$ 下的一阶常微分方程。由 $A(x,y)$ 和 $B(x,y)$ 变换推导可得式 8.8：

$$\frac{\mathrm{d}y}{\mathrm{d}x} = \frac{A(x, y)}{B(x, y)}$$

（式 8.8）

代码清单 8.2 使用 *quiver()* 和 *streamplot()* 方法求解一阶常微分方程

```
1  import numpy as np
2  import matplotlib.pyplot as plt
3
4  x = np.linspace(-3, 3, 10)
5  y = x
```

```
 6   X, Y = np.meshgrid(x, y)
 7
 8   dx_dt = X + 2*Y
 9   dy_dt = - 2*X
10
11   fig = plt.figure()
12   ax1 = fig.add_subplot(1, 2, 1)
13   ax1.quiver(X, Y, dx_dt, dy_dt)
14   ax1.set_title('using quiver()')
15   ax1.set_xlabel('x')
16   ax1.set_ylabel('y')
17   ax1.axis('square')
18
19   ax2 = fig.add_subplot(1, 2, 2)
20   ax2.streamplot(X, Y, dx_dt, dy_dt)
21   ax2.set_title('using streamplot()')
22   ax2.set_xlabel('x')
23   ax2.set_ylabel('y')
24   ax2.axis('square')
25
26   fig.tight_layout()
```

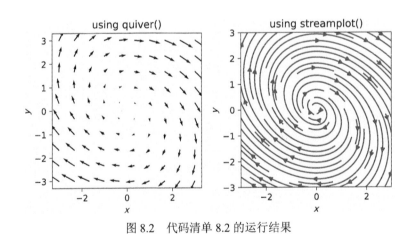

图 8.2　代码清单 8.2 的运行结果

因此，如果假设 $A(x, y) = f(x, y)$，$B(x, y) = 1$，那么式 8.8 可以简化为 $y' = f(x, y)$。作为示例，代码清单 8.3（结果见图 8.3）展示了如何应用 *quiver()* 和 *streamplot()* 函数求解下列方程：

$$\frac{\mathrm{d}y}{\mathrm{d}x} = -y - 2x^2 \qquad\qquad （式 8.9）$$

代码清单 8.3　使用 *quiver()* 和 *streamplot()* 函数

```python
import numpy as np
import matplotlib.pyplot as plt

x = np.linspace(-1, 1, 10)
y = x

X, Y = np.meshgrid(x, y)

dx_dt = np.ones_like(X)
dy_dt = - Y - 2 * X**2

# Making plot
fig = plt.figure()
ax1 = fig.add_subplot(1, 2, 1)
ax1.quiver(X, Y, dx_dt, dy_dt)
ax1.set_title('using quiver()')
ax1.set_xlabel('x')
ax1.set_ylabel('y')
ax1.axis('square')

ax2 = fig.add_subplot(1, 2, 2)
ax2.streamplot(X, Y, dx_dt, dy_dt, linewidth =0.5)
ax2.set_title('using streamplot()')
ax2.set_xlabel('x')
ax2.set_ylabel('y')
ax2.axis('square')

fig.tight_layout()
```

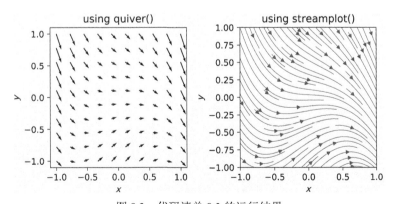

图 8.3　代码清单 8.3 的运行结果

8.3　一阶常微分方程的数值解

放射性衰变定律的常微分方程（即式 8.1）有如下形式的解析解：

$$N(t) = N_0 \mathrm{e}^{-\lambda t} = N_0 \mathrm{e}^{-\frac{t}{\tau}} \qquad （式 8.10）$$

其中 $N(t)$、N_0、λ、和 τ 分别代表 t 时刻的放射性元素的原子核数量、$t=0$ 时刻的放射性元素的原子核数量、衰变常数和平均寿命。放射性衰变是利用数值模拟方法求解常微分方程和偏微分方程的典型范例。

8.3.1　欧拉法

欧拉法是一种有限差分的近似数值解法，取参数 t 处的增量 Δt，$N(t)$ 以泰勒展开的前两项近似表示：

$$\frac{\mathrm{d}N}{\mathrm{d}t} \approx \frac{N(t+\Delta t) - N(t)}{\Delta t} \qquad （式 8.11）$$

使用欧拉法可以得到：

$$N(t+\Delta t) \approx \frac{\mathrm{d}N}{\mathrm{d}t}\Delta t + N(t) = -\lambda N(t)\Delta t + N(t) = N(t)(1-\lambda\Delta t) \qquad （式 8.12）$$

假设衰变常数 $\lambda = 1.54\times10^{-1}$/十亿年（即 1.54×10^{-10}/年），就像 ^{238}U$\sim^{206}$Pb 的铀系列，我们可以编写一个 Python 脚本来求解式 8.1（见代码清单 8.4），并比较其解析解与数值解（结果见图 8.4）。欧拉法期望值的偏差（即误差）是关于 Δt 的函数。

代码清单 8.4　用 Python 实现欧拉法

```
1   import matplotlib.pyplot as plt
2   import numpy as np
3
4   # Euler Method
5   def euler_method(n0, decay_const, t_final, n_t_steps):
6       iterations = n_t_steps
7       delta_t = t_final/n_t_steps
8       t1 = np.linspace(0, iterations*delta_t, iterations)
9       n1 = np.zeros(t1.shape, float)
10      n1 [0]= n0
```

```
11      for i in range(0,len(t1) -1):
12          n1[i+1] = n1[i] * (1 - decay_const * delta_t )
13      n1r = n1/n0
14      return n1, n1r, t1
15
16  ne, ner, te = euler_method(n0=10000, decay_const =1.54e-1,
        t_final =20, n_t_steps =10)
17
18  #Analitical solution...in the same points of the Euler method
19  def analytical_solution(n0, decay_const, t_final, n_t_steps):
20
21      intermediate_points = n_t_steps
22      delta_t = t_final/n_t_steps
23      t2 = np.linspace(0, intermediate_points *delta_t,
        intermediate_points )
24      n2 = n0 * np.exp(-decay_const * t2 )
25      n2r = n2/n0
26      return n2, n2r, t2
27
28  na, nar, ta = analytical_solution(n0=10000, decay_const =1.54e
        -1, t_final =20, n_t_steps =10)
29
30  euler_rel_error = 100*(ne -na)/na
31
32  fig = plt.figure()
33  ax1 = fig.add_subplot(1, 2, 1)
34  ax1.plot(te, ner, linestyle="-", linewidth =2, label='Euler
        method')
35  ax1.plot(ta, nar, linestyle="--", linewidth =2, label='
        Analytical Solution')
36  ax1.set_ylabel('Relative Number of $^{238} $U atoms')
37  ax1.set_xlabel('time in bilion years')
38  ax1.legend()
39
40  ax2 = fig.add_subplot(1, 2, 2)
41  ax2.plot(te, euler_rel_error, linestyle="-", linewidth =2, label
        ='Deviation formthe \nexpected value')
42  ax2.set_ylabel('Relative Error, in %')
43  ax2.set_xlabel('time in billion years')
44  ax2.legend()
```

此外，欧拉法受其内在因素影响。由于它仅在研究区间的起始处（即 Δt）计算导数，这可能导致误差不断放大。如果起始计算导数时就存在过高或过低的系统误差，其数值解也会存在同样的系统误差（见图 8.4）。

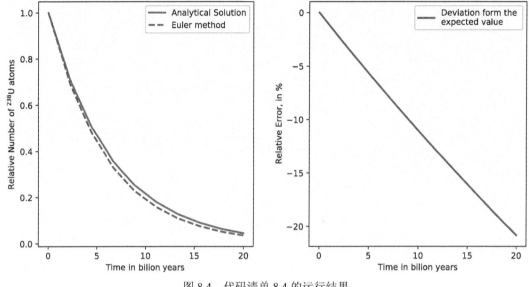

图 8.4   代码清单 8.4 的运行结果

请注意，当 Δt 是极大值时，欧拉法的局限性会凸显出来。减小 Δt 可以显著提高计算结果精度。然而，对一般情况而言，想要提高精度，需要在研究区间内的多个点上估计导数值。

8.3.2   scipy.integrate.ode 类

scipy.integrate.ode 类是求解常微分方程数值解的通用接口类。

可用的积分器有：

（1）实值可变系数常微分方程求解器（即 *vode*）；

（2）前导系数固定的复值可变系数常微分方程求解器（即 *zvode*）；

（3）前导系数固定的实值可变系数常微分方程求解器（即 *lsoda*）；

（4）(4)5 阶显式龙格-库塔法（即 *dopri5*）；

（5）8(5, 3)阶显式龙格-库塔法（即 *dopri853*）；

有关上些方法的详细说明，请参阅更专业的图书。

8.4 节将展示 scipy.integrate.ode 类在放射性衰变实际案例中的应用。代码清单 8.5（结果见图 8.5）为(4)5 阶显式龙格-库塔法的应用，并将结果与欧拉法的结果进行了比较。

代码清单 8.5 欧拉法与(4)5 阶显式龙格-库塔法的比较

```
1   import matplotlib.pyplot as plt
2   import numpy as np
3   from scipy.integrate import ode
4
5   # using scipy.integrate.ode
6   def ode_sol(n0, decay_const, t_final, n_t_steps):
7       intermediate_points = n_t_steps
8       t3 = np.linspace(0,t_final, intermediate_points )
9       n3 = np.zeros(t3.shape, float)
10      def f(t, y, decay_const ):
11          return - decay_const * y
12      solver = ode(f).set_integrator('dopri5 ') # runge -kutta of
            order(4)5
13      y0 = n0
14      t0 = 0
15      solver.set_initial_value(y0, t0)
16      solver.set_f_params(decay_const )
17      k=1
18      n3[0] = n0
19      while solver.successful() and solver.t < t_final:
20          n3[k] = solver.integrate(t3[k])[0]
21          k += 1 # k = k + 1
22      n3r = n3 / n0
23      return n3, n3r, t3
24
25  # Analytical solution
26  na, nar, ta = analytical_solution(n0=10000, decay_const =1.54e-1,
            t_final =20, n_t_steps =10)
27  # Euler method
28  ne, ner, te = euler_method(n0=10000, decay_const =1.54e-1, t_final
            =20, n_t_steps =10)
29  nuler_rel_error = 100*(ne -na)/na
30  # runge -kutta of order(4)5
31  n_ode, n_oder, tode = ode_sol(n0=10000, decay_const =1.54e-1,
            t_final =20, n_t_steps =10)
32  ode_rel_error = 100*( n_ode - na) / na
33
34  # Make the plot
35  fig = plt.figure(figsize =(8,5))
36  ax1 = fig.add_subplot(1, 2, 1)
37  ax1.plot(ta, nar, linestyle="-", linewidth =2, label='Analytical
            Solution', c='#ff464a')
38  ax1.plot(te, ner, linestyle="--", linewidth =2, label='Euler method'
            , c='#4881 e9')
```

```
39  ax1.plot(tode, n_oder, linestyle="--", linewidth =2, label='Runge -
       Kutta of order(4)5', c='#342 a77')
40  ax1.set_ylabel('Relative Number of $^{238} $U atoms')
41  ax1.set_xlabel('Time in bilion years')
42  ax1.legend()
43
44  ax2 = fig.add_subplot(1, 2, 2)
45  ax2.plot(te, euler_rel_error, linestyle="-", linewidth =2, c='#4881
       e9', label='Euler method')
46  ax2.plot(tode, ode_rel_error, linestyle="-", linewidth =2, c='#342
       a77', label='Runge -Kutta of order(4)5')
47  ax2.set_ylabel('Relative Error, in %')
48  ax2.set_xlabel('Time in bilion years')
49  ax2.legend()
50
51  fig.tight_layout()
```

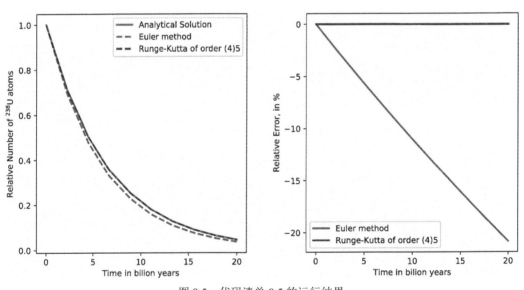

图 8.5　代码清单 8.5 的运行结果

8.4　菲克扩散定律———种广泛使用的偏微分方程

扩散物质在单位面积上的转移速率与垂直于该单位面积的浓度梯度成正比：

$$F = -D\frac{\partial C}{\partial x}$$

（式 8.13）

　　其中，F 为扩散物质在单位面积上的转移速率，C 为扩散物质的浓度，x 为垂直于该单位面积的空间测量坐标，D 为扩散系数。在某些情况下，例如在稀溶液中的扩散，D 可以合理地视为常数，而在其他情况下，例如在高分子聚合物中的扩散，它很大程度上取决于浓度。通常式 8.13 被称为菲克第一定律或第一扩散定律。C、F、x、D 分别为浓度（单位可以为 $mol \cdot m^{-3}$）、单位时间的浓度（单位可以为 $mol \cdot m^{-3} \cdot s^{-1}$）、长度（单位可以为 m）和长度的平方除以时间（单位可以为 $m^2 \cdot s^{-1}$）。在 D 为常数的一维情况下，式 8.13 可以写成一维菲克第二定律或第二扩散定律，如式 8.14：

$$\frac{\partial C}{\partial t} = D \frac{\partial^2 C}{\partial x^2} \qquad （式\ 8.14）$$

　　对于常数 D 和特定几何，使用式 8.2 可以求解析解，在其他情况下，都只能求数值解。

8.4.1　解析解

　　在扩散系数为常数时，可以求得各种初始条件和边界条件下扩散方程的解析解。例如，在限定区域内扩散物质的初始限定解如下：

$$C = C_0, x < 0, C = 0, x \geqslant 0, t = 0 \qquad （式\ 8.15）$$

可以写成以下形式：

$$C(x,t) = \frac{1}{2} C_0 \mathrm{erfc}(\frac{x}{2\sqrt{Dt}}) \qquad （式\ 8.16）$$

其中 $\mathrm{erfc}()$ 为 $1-\mathrm{erf}()$ 的互补误差函数：

$$\mathrm{erfc}(x) = 1 - \mathrm{erf}(x) = \frac{2}{\sqrt{\pi}} \int_x^\infty \mathrm{e}^{-t^2} \mathrm{d}t \qquad （式\ 8.17）$$

有关误差函数的更多详细内容请参见 9.2 节。

代码清单 8.6 展示了如何在 Python 中实现式 8.16，图 8.6 展示了该代码清单的运行结果。

代码清单 8.6　平面扩散的解析解

```
1  import numpy as np
2  from scipy import special
3  import matplotlib.pyplot as plt
4
5  def plane_diff_1d(t, D, x0=0, xmin=-1, xmax=1, c_left =1,
       c_right =0, num_points =200):
6
```

```
7        n = num_points
8        x = np.linspace(xmin, xmax, n)
9        delta_c = c_left - c_right
10
11       c0 = np.piecewise(x, [x < x0, x >= x0], [c_left, c_right ])
12       c = 0.5 * delta_c * (special.erfc((x - x0)/(2 * np.sqrt(D * t)
         )))
13
14       return x, c, c0
15
16   D = 0.01 # Diffusion coefficient
17
18   fig, ax = plt.subplots()
19
20   for t in range(1, 14, 3):
21
22       x, c, c0 = plane_diff_1d(t=t, D=D)
23       if t==1:
24           leg = "t = " + str(t)
25           plt.plot(x, c0, label="t = 0")
26       leg = "t = " + str(t)
27       ax.plot(x, c, label=leg)
28
29   ax.grid()
30   ax.set_xlabel('x')
31   ax.set_ylabel('C')
32   ax.legend()
```

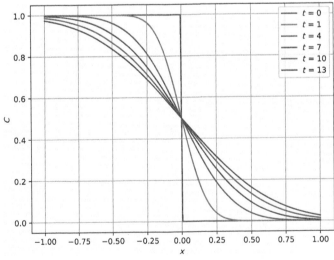

图 8.6 代码清单 8.6 的运行结果

8.4.2 常数 D 的数值解

离散公式（即式 8.2）的最简单方法之一是使用有限差分法：

$$\frac{C_j^{n+1} - C_j^n}{\Delta t} = D\left[\frac{C_{j+1}^n - 2C_j^n + C_{j-1}^n}{(\Delta x)^2}\right] \qquad （式 8.18）$$

其中 n 和 j 分别表示时间域和空间域，分别使用欧拉法和中心差分法来逼近在时间和空间上的导数，该解决方案称为"前向-时间中心-空间"（forward-time central-space, FTCS）。关于偏微分方程数值求解的更多理论细节，请参阅更专业的图书。

在 Python 中，式 8.18 可以通过代码清单 8.7 轻松实现。由式 8.18 给出的有限差分法在满足下面的条件（即式 8.19）时是稳定的：

$$\frac{2D\Delta t}{(\Delta x^2)} \leqslant 1 \qquad （式 8.19）$$

FTCS 方案的实现（见代码清单 8.7 的第 1～16 行）可以通过充分利用 numpy 来改进。特别是第 4～6 行处的循环，可以用使用单行向量符号代码代替（见代码清单 8.8 的第 4 行）。

代码清单 8.7 平面扩散的有限差分法

```
1  def ftcs(u, D, h, dt):
2
3      d2u_dx2 = np.zeros(u.shape, float)
4      for i in range(1,len(u) -1):
5          # Central difference scheme in space
6          d2u_dx2[i] = (u[i+1] - 2*u[i] + u[i-1]) / h**2
7
8      # Neuman boundary conditions at i=0 and i=len(u) -1
9      i=0
10     d2u_dx2[i] = (u[i+1] - 2 * u[i] + u[i]) / h**2
11     i=len(u) -1
12     d2u_dx2[i] = (u[i] - 2 * u[i] + u[i -1]) / h**2
13
14     # Euler method for the time domain
15     u1 = u + dt * D * d2u_dx2
16     return u1
17
18 dt = 0.001 #step size of time
19 tf = 3
```

```
20
21  def compute_d_const(u, d, h, dt, tf):
22
23      nsteps = tf/dt
24      u1 = u
25      for i in range(int(nsteps)):
26          u1 = ftcs(u1, D, h, dt)
27      return u1
28
29  x, c, c0 = plane_diff_1d(t=tf, D=D)
30
31  h = x[1] - x[0] #step size of the 1D space
32  u = c0 # intial conditions
33  c1 = compute_d_const(u, D, h, dt, tf)
34
35  fig, ax = plt.subplots()
36  ax.plot(x,c0, label='initial conditions')
37  ax.plot(x,c,'y', label='analytical solution')
38  ax.plot(x,c1,'r--', label='numerical solution')
39  ax.set_xlabel('x')
40  ax.set_ylabel('C')
41  ax.legend()
```

代码清单 8.7 的运行结果如图 8.7 所示，展示了解析解与数值解的比较情况。

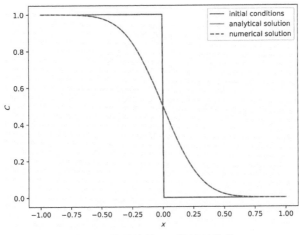

图 8.7　代码清单 8.7 的运行结果

代码清单 8.8　使用向量符号的 FTCS 方案

```
1  def numpy_ftcs(u, D, h, dt):
2
```

```
3      d2u_dx2 = np.zeros(u.shape, float)
4      d2u_dx2 [1: -1] = (u[2:] - 2 * u[1: -1] + u[: -2]) / h**2
5
6      # Neuman boundary conditions at i=0 and i=len(u) -1
7      i = 0
8      d2u_dx2[i] = (u[i+1] - 2 * u[i] + u[i]) / h**2
9      i = len(u) -1
10     d2u_dx2[i] = (u[i] - 2 * u[i] + u[i -1]) / h**2
11
12     # Euler method for the time domain
13     u1 = u + dt * D * d2u_dx2
14     return u1
```

在岩石学和火山学中，化学扩散过程常用于限制火山喷发前晶体在火山管道系统中的停留时间。例如，在模拟镁在斜长石中扩散的公式中，需要同时考虑钙长石绝对值和梯度对化学势和扩散系数的影响。已有研究中提供的公式，背后的基本原理是微量元素的扩散通量与主要元素浓度梯度（多组分扩散）的强耦合。

下面，我提供一个 Python 解决方案。代码由以下部分组成：

（1）分析并测定指定斜长石中镁和硝酸铵的含量；

（2）约束边界条件（例如边缘的平衡）；

（3）确定初始剖面和平衡剖面；

（4）估算镁的扩散系数；

（5）用有限差分法求解扩散方程的时变形式。

硝酸铵的分析与测定通常是通过电子探针显微分析（electron-probe microanalysis, EPMA）法实现的。镁的测定可采用电子探针显微分析法或激光烧蚀电感耦合等离子体质谱（laser ablation inductively coupled plasma mass spectrometry, LA-ICP-MS）法。

例如，图 8.8 显示了标记为 4201_1-Pl1 的斜长石上两侧边缘氧化镁剖面，该剖面由 EPMA 方案得到。

钙长石含量对微量元素镁在斜长石和熔体之间的分配关系近似为：

$$RT \ln \frac{C_{Mg}^{Pl}}{C_{Mg}^{l}} = AX_{An} + B \qquad （式 8.20）$$

其中 X_{An}、C_{Mg}^{Pl}、C_{Mg}^{l}、T 和 R 分别为钙长石摩尔分数、斜长石中镁的浓度、液相中镁的浓度、温度和通用气体常数。对于参数 A 和 B，建议设置 $A=-21882$，$B=-26352$。

为了模拟扩散过程，从式 8.20 开始估计初始剖面和平衡剖面。具体来说，初始剖面廓由晶核平衡的熔体浓度定义。初始剖面和平衡剖面均由式 8.20 计算得到（即氧化镁浓度分别为 7.8wt% 和 8.4wt%）。

作为边界条件，与周围熔体接触的晶体边缘是开放的。这意味着边缘处镁的值是平衡剖面的值，其中使用了扩散系数公式：

$$D_{Mg} = \left[2.92 \times 10^{-4.1 X_{An} - 3.1} \exp\left(\frac{-266000}{RT} \right) \right] \times 10^{12} \qquad （式 8.21）$$

斜长石中镁的扩散方程，其时变形式为：

$$
\begin{aligned}
\frac{\partial C_{Mg}}{\partial t} = & \left(D_{Mg} \frac{\partial^2 C_{Mg}}{\partial x^2} + \frac{\partial C_{Mg}}{\partial x} \frac{\partial D_{Mg}}{\partial x} \right) \\
& - \frac{A}{RT} \left(D_{Mg} \frac{\partial C_{Mg}}{\partial x} \frac{\partial X_{An}}{\partial x} + C_{Mg} \frac{\partial D_{Mg}}{\partial x} \frac{\partial X_{An}}{\partial x} + D_{Mg} C_{Mg} \frac{\partial^2 X_{An}}{\partial x^2} \right)
\end{aligned}
\qquad （式 8.22）
$$

代码清单 8.9 展示了式 8.22 的有限差分近似过程。代码清单 8.9 使用了式 8.18 中给出的 FTCS 方案。对于一阶导数，空间维度上的确定解如下：

$$\frac{\partial C}{\partial x} \approx \frac{C_{j+1}^n - C_{j-1}^n}{2 \Delta x} \qquad （式 8.23）$$

该公式中使用的符号与式 8.7 中使用的符号含义相同。

代码清单 8.9　在 Python 中实现式 8.22

```
1   import numpy as np
2   import matplotlib.pyplot as plt
3   import pandas as pd
4
5   # Model parameters
6   T = 1200.0 # Temperature in Celsius
7   dx = 4.12 # average distance in micron among the analyses
8   dt = 0.9 * 1e4
9   RT = 8.3144 * (T + 273.15)
10  R = dt / dx ** 2
11
12  # Initial Conditions
13  my_dataset = pd.read_excel('Moore_Phd.xlsx')
14  my_distance = my_dataset.Distance.values
15  Mg_C = my_dataset.MgO.values
```

```
16  An = my_dataset.An_mol_percent.values
17  An = An / 100
18  An_unsmoothed = An
19  An_smoothed = np.full(len(An),0.)
20
21  # Smooting the An profile to avoid numerical artifacts
22  D_smoot = np.full(len(An),0.0005)
23  for i in range(2):
24  An_smoothed [1: -1] = An_unsmoothed [1: -1] + R * D_smoot [1: -1] *
        (An_unsmoothed [2:] - 2 * An_unsmoothed [1: -1] + An_unsmoothed
        [: -2])
25      An_smoothed [0] = An[0]
26      An_smoothed [len(An) -1] = An[len(An) -1]
27      an_unsmoothed = An_smoothed
28
29  D_Mg = 2.92 * 10**( -4.1 * An_smoothed - 3.1)*np.exp(-266 * 1e3/RT)
        *1e12 # Eq. 8 in Costa et al., 2003
30
31  fig, ax = plt.subplots(figsize =(7,5))
32
33  # Initial and Equilibrium Profiles
34  A = - 21882
35  B = - 26352
36  K = np.exp((A*An_smoothed +B)/RT) # Eq. 8 in Moore et al., 2014
37  c_eq = 8.4 * K
38  c_init = 7.8 * K
39  ax.plot(my_distance, c_eq, linewidth =2, color='#ff464a', label ='
        Equilibrium Profile')
40  ax.plot(my_distance, c_init,linewidth =2, color='#342 a77', label='
        Initial Profile')
41
42  # The numerical solution start here
43  colors = ['#4881 e9','#e99648','#e9486e']
44  t_final_weeks = np.array([4,10,21])
45
46  for t_w, color in zip(t_final_weeks,colors):
47
48      C_Mg_new = np.full(len(c_eq),0.)
49      d2An = np.full(len(c_eq),0.)
50      d2C_Mg = np.full(len(c_eq),0.)
51      dD_Mg = np.full(len(c_eq),0.)
52      dC_Mg = np.full(len(c_eq),0.)
53      dAn = np.full(len(c_eq),0.)
54
55      C_Mg = c_init
56      t_final = int(604800 * t_w/dt)
57      for i in range(t_final):
58          # boundary conditions: Rims are at equilibrium with melt
59          C_Mg_new [0] = c_eq [0]
60          C_Mg_new[len(c_eq) -1] = c_eq[len(c_eq) -1]
```

```
61
62              # Finite difference sol. of Eq. 7 in Costa et al., 2003
63              d2An [1: -1] = (An_smoothed [2:] - 2 * An_smoothed [1: -1] +
     An_smoothed [: -2])
64              d2C_Mg [1: -1] = C_Mg [2:] - 2 * C_Mg [1: -1] + C_Mg [:-2]
65              dD_Mg [1: -1] = (D_Mg [2:]- D_Mg [: -2])/2
66              dC_Mg [1: -1] = (C_Mg [2:]- C_Mg [: -2])/2
67              dAn [1: -1] = (An_smoothed [2:] - An_smoothed [: -2])/2
68
69              C_Mg_new[1: -1] = C_Mg[1: -1] + R * ( (D_Mg [1: -1] * d2C_Mg
     [1: -1] + dD_Mg[1: -1] * dC_Mg[1: -1]) - (A/RT) * (D_Mg[1: -1] *
     dC_Mg [1: -1] * dAn [1: -1] + C_Mg [1: -1] * dD_Mg [1: -1] * dAn
     [1: -1] + D_Mg [1: -1] * C_Mg [1: -1] * d2An [1: -1]) )
70              C_Mg = C_Mg_new
71         ax.plot(my_distance, C_Mg_new, linestyle='--', linewidth =1,
     label= str(t_w) + ' weeks at 1200 Celsius deg.')
72
73     ax.scatter(my_distance, Mg_C, marker='o', c='#c7ddf4', edgecolors=
     'k', s=50, label='Analytical Deteminations', zorder =100, alpha
     =0.7)
74     ax.set_ylim(0.19,0.27)
75
76     time_sec = t_final * dt
77     time_weeks = time_sec / 604800
78     ax.legend(title=r'$\bf {4202\_1 -Pl1}$ (Moore et al., 2014)', ncol=2,
     loc='lower center')
79     ax.set_xlabel(r'Distance [$\mu m$]')
80     ax.set_ylabel('MgO [wt %]')
81     fig.tight_layout()
```

代码清单 8.9 的运行结果如图 8.8 所示。

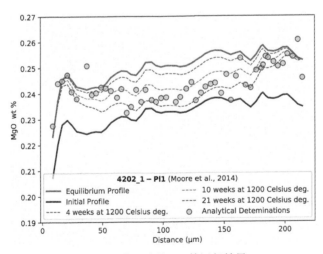

图 8.8　代码清单 8.9 的运行结果

第四部分

概率密度函数与误差分析

第 9 章
概率密度函数及其在地质学中的应用

9.1　概率分布与密度函数

　　Everitt 将离散随机变量的概率分布定义为一个数学公式，给出了变量取任意值时的概率。对于连续随机变量，此函数返回结果的可能性以（xOy）平面中的曲线图形表示。对于特定的区间$[x_1, x_2]$，曲线下的面积（即定积分）提供了变量位于$[x_1, x_2]$的概率。"概率密度"一词也指概率分布。

　　定义　概率密度函数（probability density function, PDF）是一个与连续随机变量相关的函数，其在样本空间（即随机变量的值域）中任意点的值是对该特定值发生的概率估计。所有概率密度函数均有以下性质：

- 当$\int_{-\infty}^{\infty} \text{PDF}(x)\mathrm{d}x = 1$时，概率密度函数被归一化；

- 当$x_1 \leqslant x_2$，x位于(x_1, x_2)区间时，概率$P(x) = \int_{x_1}^{x_2} \text{PDF}(x)\mathrm{d}x$；

- 平均值μ为$\int_{-\infty}^{\infty} x\text{PDF}(x)\mathrm{d}x$；

- 中位数M_e为$\int_{-\infty}^{M_\mathrm{e}} \text{PDF}(x)\mathrm{d}x = \dfrac{1}{2}$；

- 方差σ^2为$\int_{-\infty}^{\infty} (x - \mu)^2 \text{PDF}(x)\mathrm{d}x$；

- 偏度 μ_3 为 $\int_{-\infty}^{\infty}(x-\mu)^3\mathrm{PDF}(x)\mathrm{d}x$ 。

由上述第二条性质可知，随机变量在 x_1 和 x_2 之间发生的概率，可以利用已有概率密度函数求解地质变量 x 在$[x_1, x_2]$区间内的定积分得到，本章后面将给出一个具体的例子。然而，概率密度函数极少是已知的。在特定条件下，我们的测量结果可能会遵循已知的概率密度函数。例如，中心极限定理的不同公式告诉我们，样本均值的估值在哪些情况下收敛于正态分布（见9.6节）。

9.2　正态分布

9.2.1　正态概率密度函数

正态分布是图像呈钟形的概率密度函数，在很多情况下会自然地出现。例如，它经常用于分析设备校准、误差传播（见第10章）等，并且一般用于解释场运动产生的数据集（例如中心极限定理的结果，见9.6节）。

正态概率密度函数 $\mathrm{PDF_N}$ 定义如下：

$$\mathrm{PDF_N}(x,\mu,\sigma)=\frac{1}{\sigma\sqrt{2\pi}}\mathrm{e}^{-\frac{(x-\mu)^2}{2\sigma^2}}\qquad(\text{式}9.1)$$

其中，μ 和 σ 分别是均值和标准差。正态分布的主要特征如下。

- 正态分布的图像呈钟形，拐点在 $\mu\pm\sigma$ 处。
- 正态分布的均值、众数和中位数均相等。
- 正态曲线以均值 μ 中心对称。
- 变量 x 对应的正态曲线上的所有值均为非负。
- 正态分布左右对称。
- x 趋于正无穷或负无穷时，$\mathrm{PDF_N}(x,\mu,\sigma)$ 的极限为 0。
- 任意正态曲线的最高峰在 $x=\mu$ 处。
- 正态曲线下方总面积为 1。
- 任何正态曲线的形状都取决于其均值 μ 和标准差 σ（见代码清单9.1和图9.1）。

- 标准正态概率密度函数的标准差为 1，均值为 0。

可以通过 ScyPy 库的函数 *scipy.stats.norm.pdf()* 为正态分布建立概率密度函数，也可以使用 *def* 语句定义（如定义我们自己的函数，参见代码清单 9.1 和图 9.1）。

代码清单 9.1 正态概率密度函数

```
1   from scipy.stats import norm
2   import matplotlib.pyplot as plt
3   import numpy as np
4
5
6   # I'm going to define my normal PDF...
7   def normal_pdf(x, mean, std):
8       return 1/(np.sqrt(2*np.pi*std **2))*np.exp( -0.5*((x - mean)
        **2) /(std **2))
9
10
11  x = np.arange(-12, 12, .001)
12
13  pdf1 = normal_pdf(x, mean=0, std =2)
14
15  #the built -in norm PDF in scipy.stats
16  pdf2 = norm.pdf(x, loc=0, scale =2)
17
18  fig = plt.figure(figsize =(7,9))
19  ax1 = fig.add_subplot(3, 1, 1)
20  ax1.plot(x,pdf1, color='#84 b4e8', linestyle="-", linewidth =6,
        label="My normal PDF")
21  ax1.plot(x,pdf2, color='#ff464a', linestyle="--", label="norm.
        pdf() in scipy.stats ")
22  ax1.set_xlabel("x")
23  ax1.set_ylabel("PDF(x)")
24  ax1.legend(title = r"Normal PDF with $\mu$=0 and 1$\sigma$ =2")
25
26
27  ax2 = fig.add_subplot(3, 1, 2)
28  for i in [1, 2, 3]:
29      y = normal_pdf(x,0,i)
30      ax2.plot(x, y, label=r"$\mu$ = 0, 1$\sigma$ = " + str(i))
31  ax2.set_xlabel("x")
32  ax2.set_ylabel("PDF(x)")
33  ax2.legend()
34
35  ax3 = fig.add_subplot(3, 1, 3)
```

```
36    for i in [-3, 0, 3]:
37        y = normal_pdf(x, i, 1)
38        ax3.plot(x, y, label=r"$\mu$ = " + str(i) + ", 1$\sigma$ =
          1")
39    ax3.set_xlabel("x")
40    ax3.set_ylabel("PDF(x)")
41    ax3.legend()
42
43    fig.tight_layout()
```

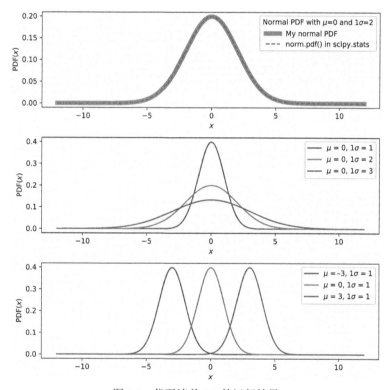

图 9.1　代码清单 9.1 的运行结果

为了得到正态分布在 x_1 和 x_2 之间出现的概率，须求解下面的定积分：

$$P(x_1 \leqslant x \leqslant x_2) = \int_{x_1}^{x_2} \mathrm{PDF}_{\mathrm{N}}(x, \mu, \sigma)\mathrm{d}x = \frac{1}{\sigma\sqrt{2\pi}}\int_{x_1}^{x_2} \mathrm{e}^{-\frac{(x-\mu)^2}{2\sigma^2}}\mathrm{d}x \qquad （式 9.2）$$

式 9.2 没有解析解，但考虑到其重要性，数学家们开发了一个特定的函数，即误差函数对其求解。

误差函数 erf(x)定义为：

$$\text{erf}(x) = \frac{2}{\sqrt{\pi}}\int_0^x e^{-t^2}\,dt \qquad\qquad (\text{式 }9.3)$$

因此，式 9.2 中定积分（即在区间[x_1, x_2]（$x_1 \leqslant x_2$）的正态概率密度函数）的解为：

$$P(x_1 \leqslant x \leqslant x_2) = \frac{1}{\sigma\sqrt{2\pi}}\left[\text{erf}\left(\frac{x_2-\mu}{\sigma\sqrt{2\pi}}\right) - \text{erf}\left(\frac{x_1-\mu}{\sigma\sqrt{2\pi}}\right)\right] \qquad (\text{式 }9.4)$$

式 9.2 也可以用第 7 章中的方法进行数值求解。代码清单 9.2 给出了利用式 9.4 以及 scipy.integrate 中的数值法 *trapz()*（式 7.14）和 *simps()*（式 7.15）求解式 9.2 的方法。

代码清单 9.2　利用式 9.4 和数值法求解式 9.2

```
1  from scipy.stats import norm
2  import numpy as np
3  from scipy import special
4  from scipy import integrate
5
6  def integrate_normal(x1, x2, mu, sigma):
7      sup = 0.5*(( special.erf((x2 -mu)/( sigma*np.sqrt(2)))) -(
       special.erf((x1 -mu)/( sigma*np.sqrt(2)))))
8      return sup
9
10 my_mu = 0
11 my_sigma = 1
12
13 my_x1 = 0
14 my_x2 = my_sigma
15
16 # The expected value is equal to 0.3413...
17 my_sup = integrate_normal(x1= my_x1, x2= my_x2, mu = my_mu,
       sigma = my_sigma)
18
19 x = np.arange(my_x1, my_x2, 0.0001)
20 y = norm.pdf(x, loc=my_mu, scale= my_sigma) # normal_pdf(x,
       mean = my_mu, std = my_sigma)
21
22 sup_trapz = integrate.trapz(y,x)
23 sup_simps = integrate.simps(y,x)
24
25 print("Solution Using erf: {:.9f}".format(my_sup))
```

```
26  print("Using the trapezoidal rule, trapz: {:.10f}".format(
        sup_trapz))
27  print("Using the composite Simpson rule, simps: {:.10f}".format
        (sup_simps))
28
29  '''
30  Output:
31  Solution Using erf: 0.341344746
32  Using the trapezoidal rule, trapz: 0.3413205476
33  Using the composite Simpson rule, simps: 0.3413205478
34  '''
```

9.2.2　生成服从正态分布的随机样本

使用函数 *numpy.random.normal(loc=0.0, scale=1.0, size=None)* 可以生成服从正态分布的随机样本（见代码清单 9.3）。生成具有特定分布的随机样本的应用有很多。本小节通过生成服从特定分布的随机样本来演示各种分布的属性。随机样本也可用于地球科学中的建模。例如，在 10.4 节介绍的蒙特卡洛方法（Monte Carlo method）中，抽取随机样本是误差传播的基础。

请注意，蒙特卡洛方法是许多地质研究的基础，这些研究涉及矿产勘探图、斜坡稳定性和地下水水文学等领域的不确定性估计。

代码清单 9.3 展示了如何生成包含 15000 个 $\mu = 0$、$\sigma = 1$ 的元素的随机样本，以及如何生成一个与随机样本具有相同 μ 和 1σ 的正态概率密度函数（见图 9.2）。

代码清单 9.3　生成一个服从正态分布（$\mu=0$ 和 $\sigma=1$）的随机样本和一个与随机样本有相同的 μ 和 1σ 的正态概率密度函数

```
1   import numpy as np
2   from scipy.stats import norm
3   import matplotlib.pyplot as plt
4
5   mu = 0 # mean
6   sigma = 1 # standard deviation
7   normal_sample = np.random.normal(mu, sigma, 15000)
8
9   # plot the histogram of the sample distribution
10  fig, ax = plt.subplots()
11  ax.hist(normal_sample, bins='auto', density=True, color='#c7ddf4 '
        , edgecolor='#000000', label='Random sample with normal
        distribution')
```

```
12
13   # probability density function
14   x = np.arange(-5,5, 0.01)
15   normal_pdf = norm.pdf(x, loc= mu, scale = sigma)
16   ax.plot(x, normal_pdf, color='#ff464a', linewidth =1.5, linestyle=
         '--', label=r'Normal PDF with $\mu$=0 and 1$\sigma$ =1')
17   ax.legend(title='Normal Distribution')
18   ax.set_xlabel('x')
19   ax.set_ylabel('Probability Density')
20   ax.set_xlim(-5,5)
21   ax.set_ylim(0,0.6)
22
23   # Descriptive statistics
24   aritmetic_mean = normal_sample.mean()
25   standard_deviation = normal_sample.std()
26
27   print('Sample mean equal to {:.4f}'.format(aritmetic_mean))
28   print('Sample standard deviation equal to {:.4f}'.format(
         standard_deviation ))
29
30   '''
31   Output: (your results will be sighly different because of the
         pseudo -random nature of the distribution)
32   Sample mean equal to -0.0014
33   Sample standard deviation equal to 1.0014
34   '''
```

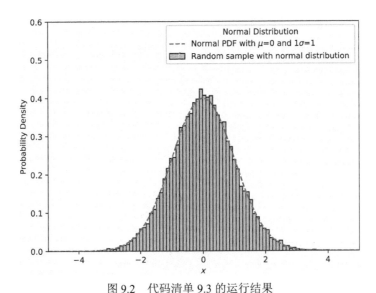

图 9.2 代码清单 9.3 的运行结果

9.3　对数正态分布

对数正态分布是对数作为随机变量服从正态分布的连续概率分布。对数正态分布是地质学的基本规律之一，尽管存在缺陷，但至今仍被地质学家们广泛应用。

对数正态分布的概率密度函数为：

$$\log\text{PDF}_\text{N}(x,\mu_n,\sigma_n)=\frac{1}{x}\frac{1}{\sigma\sqrt{2\pi}}\exp\left\{-\frac{[\log(x)-\mu_n]^2}{2\sigma_n^2}\right\} \qquad (\text{式 }9.5)$$

其中 μ_n 和 σ_n 是正态分布的均值和标准差，可以通过计算随机变量的自然对数得到。

注意，log 和 log10 分别表示自然对数和以 10 为底的对数。这种表示方法与 Python 中的相同。可以使用 *scipy.stats.lognorm()* 生成对数正态分布。其中，*s* 为形状参数，*scale* 和 *loc* 可以移动和缩放分布。为了生成服从式 9.5 中定义的对数正态分布的随机样本，*s* 和 *scale* 必须分别设置为 σ_n 和 e^{μ_n}（参见代码清单 9.4 和图 9.3）。

代码清单 9.4　生成对数正态分布的随机样本

```
1   import matplotlib.pyplot as plt
2   import numpy as np
3   from scipy.stats import norm, lognorm
4
5   colors = ['#342 a77', '#ff464a', '#4881 e9']
6   normal_mu = [0,0.5,1]
7   normal_sigma = [0.5,0.4,0.3]
8   x = np.arange(0.001, 7, .001) # for the log -normal PDF
9   x1 = np.arange(-2.5, 2.5, .001) # for the normal PDF
10
11  fig, (ax1, ax2) = plt.subplots(nrows = 2, ncols = 1, figsize =
        (8,9))
12
13  for mu_n, sigma_n, color in zip(normal_mu, normal_sigma, colors):
14      lognorm_pdf = lognorm.pdf(x, s=sigma_n, scale=np.exp(mu_n))
15      r = lognorm.rvs(s=sigma_n, scale=np.exp(mu_n), size =15000)
16      ax1.plot(x, lognorm_pdf, color=color, label=r"$\mu_n$ = " +
        str(mu_n) + r" - $\sigma_n$ = " + str(sigma_n))
17      ax1.hist(r, bins='auto', density=True, color=color,
        edgecolor='#000000', alpha =0.5)
18      logr= np.log(r)
19      normal_pdf = norm.pdf(x1, loc= mu_n, scale = sigma_n)
```

```
20    ax2.plot(x1, normal_pdf, color=color, label=r"$\mu_n$ = " +
      str(mu_n) + r" - $\sigma_n$ = " + str(sigma_n))
21    ax2.hist(logr, bins='auto', density=True, color=color,
      edgecolor='#000000', alpha =0.5)
22    my_mu = logr.mean()
23    ax2.axvline(x=my_mu, color=color, linestyle ="--", label=r"
      calculated $\mu_n$ = " + str(round(my_mu,3)))
24    my_sigma = logr.std()
25    print("Expected mean: " + str(mu_n) + " - Calculated mean: "
      + str(round(my_mu,3)))
26    print("Expected std.dev.: " + str(sigma_n) + " - Calculated
      std.dev.: " + str(round(my_sigma,3)))
27
28 ax1.legend(title="log -normal distributions ")
29 ax1.set_xlabel('x')
30 ax1.set_ylabel('Probability Density')
31 ax2.legend(title="normal distributions ")
32 ax2.set_xlabel('ln(x)')
33 ax2.set_ylabel('Probability Density')
34
35 fig.tight_layout()
```

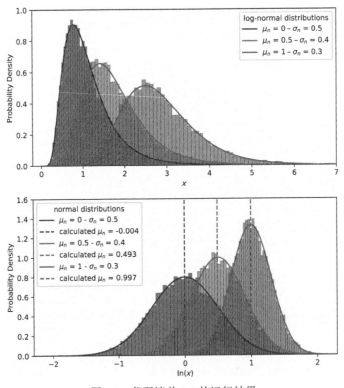

图 9.3　代码清单 9.4 的运行结果

9.4 其他适用于地质学的概率密度函数

scipy.stats 模块包含许多可以应用在地质学中的概率分布。例如，泊松（Poisson）分布、帕雷托（Pareto）分布和学生 t（Student's t）分布，这些分布可以应用于地球化学测定、金属勘探和地球物理调查等领域。表 9.1 罗列了 scipy.stats 模块中的各种概率分布。

表 9.1　　从 scipy.stats 模块中选择的函数

函数	概率分布	函数	概率分布
alpha()	Alpha cont.random var.	arcsine()	Arcsine cont. random var.
beta()	Beta cont.random var.	bradford()	Bradford cont. random var.
cauchy()	Cauchy cont.random var.	chi()	Chi cont. random var.
chi2()	Chi-squared cont. random var.	cosine()	Cosine cont. random var.
dgamma()	Double gamma cont. random var.	dweibull()	Double Weibull cont. random var.
erlang()	Erlang cont. random var.	expon()	Exponential cont. random var.
halfcauchy()	Half-Cauchy cont. random var.	halfnorm()	Half-normal cont. random var.
laplace()	Laplace cont. random var.	levy()	Levy cont. random var.
logistic()	Logistic cont. random var.	loggamma()	Log gamma cont. random var.
loglaplace()	Log-Laplace cont. random var.	loguniform()	loguniform cont. random var.
maxwell()	Maxwell cont. random var.	pareto()	Pareto cont. random var.
pearson3()	Pearson type III cont. random var.	powerlaw()	Power-function cont. random var.
rayleigh()	Rayleigh cont. random var.	skewnorm()	Skew-normal cont. random var.
t()	Student's t cont. random var.	uniform()	Uniform cont. random var.
bernoulli()	Bernoulli discr. random var.	binom()	Binomial discr. random var.
boltzmann()	Boltzmann discr. random var.	dlaplace()	Laplacian discr. random var.
geom()	Geometric discr. random var.	poisson()	Poisson discr.random var.
gamma()	A gamma cont. random var.	pareto()	A Pareto cont. random var.

9.5 密度估计

估计密度需要重建观测数据的概率密度函数。实现这一目标有两种主流方法：第一种是参数化，使用已知的概率密度函数拟合观测数据。例如，为了用正态概率密度函数拟合钟形分布，首先要计算其均值 μ 和标准差 σ。然后，利用得到的 μ 和 σ 重构正态概率密度函数并拟合观测分布。代码清单 9.3 和代码清单 9.4 中描述的拟合过程都是参数密度估计的示例。

尽管参数密度估计法简单，但它不一定总是最佳选择。例如，主流的概率密度函数大多是单峰的，但地质学中的许多实际例子都涉及多峰分布。此外，在实际的地质应用中，选择一个特定的已知概率密度函数并不容易。因此，所谓的非参数密度估计法往往是最好的选择：它直接从数据中估计密度，不做任何关于底层分布的参数假设。

非参数密度估计的最简单形式之一是密度直方图。在本书 4.2 节中就遇到了密度直方图。密度直方图的实现相对容易，它将样本空间划分为多个 bin，然后估计每个 bin 的密度。

$$\hat{f}\left(x_i - \frac{h}{2} \leqslant x \leqslant x_i + \frac{h}{2}\right) = \frac{k_i}{nh} \qquad (\text{式 9.6})$$

x_i 是每个 bin 的中心 x 值（区间 $[x_i - h/2, x_i + h/2]$），k_i 是区间 $[x_i - h/2, x_i + h/2]$ 内的观测次数，n 是 bin 的个数，h 是 bin 的宽度（即 $h = x_i - x_{i+1} = (x_{max} - x_{min}/n)$）。注意，符号 $\hat{f}$ 指的是概率密度函数的经验估值。

要根据实验数据估计概率密度函数，比密度直方图更先进的方法是核密度估计（kernel density estimation, KDE）。核密度估计是一种估计随机变量概率密度函数的非参数方法。为了便于理解，假设 $(x_1, x_2, x_i, \cdots, x_n)$ 是属于未知概率密度函数分布的单变量、独立且同分布的样本（即所有 x_i 具有相同的概率分布）。我们主要关注概率密度函数的形状估计。核密度估计的定义公式为：

$$\hat{f}(x) = \frac{1}{nh} \sum_{i=1}^{n} K\left(\frac{x - x(i)}{h}\right) \qquad (\text{式 9.7})$$

其中，K 为核，是一个非负函数，该函数积分为 1（即 $\int_{-\infty}^{\infty} K(x)\mathrm{d}x = 1$），且平滑参数 $h > 0$（称为带宽）。通常使用的核函数有（标准、均匀、三角形、双权值、三权值、埃帕涅奇尼科夫（Epanechnikov））等（见代码清单 9.5 和图 9.4）。

代码清单 9.5　KDEUnivariate()中可用的核函数

```
1   from statsmodels.nonparametric.kde import KDEUnivariate
2   import matplotlib.pyplot as plt
3   import numpy as np
4
5   kernels = ['gau', 'epa', 'uni', 'tri', 'biw', 'triw']
6   kernels_names = ['Gaussian', 'Epanechnikov', 'Uniform', '
        Triangular', 'Biweight', 'Triweight']
7   positions = np.arange(1,9,1)
8
9   fig, ax = plt.subplots()
10
11  for kernel, kernel_name, pos in zip(kernels, kernels_names,
        positions):
12
13      # kernels
14      kde = KDEUnivariate([0])
15      kde.fit(kernel= kernel, bw=1, fft=False, gridsize =2**10)
16      ax.plot(kde.support, kde.density, label = kernel_name,
            linewidth =1.5, alpha =0.8)
17
18  ax.set_xlim(-2,2)
19  ax.grid()
20  ax.legend(title='kernel functions')
```

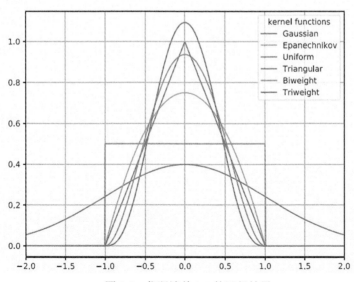

图 9.4　代码清单 9.5 的运行结果

Python 为核密度估计的实现提供了许多不同的方法（见表 9.2）。

表 9.2　　　　　　　　　　　Python 中核密度估计器的选择

库	函数	描述
SciPy	gaussion_kde()	使用高斯核估计核密度
Statsmodels	KDEUnivariate()	单变量核密度估计
Statsmodels	KDEMultivariate()	多元核密度估计
Scikit-Learn	KernelDensity()	多元核密度估计
Seaborn	kdeplot()	使用核密度估计绘制单变量或双变量分布

代码清单 9.6 和图 9.5 展示了 *KDEUniVariable()* 函数在地质学数据中的应用，以及带宽对核密度估计结果的影响。

代码清单 9.6　核密度估计在地质学中的应用实例：带宽效应

```
1  from statsmodels.nonparametric.kde import KDEUnivariate
2  import pandas as pd
3  import numpy as np
4  import matplotlib.pyplot as plt
5
6  my_dataset = pd.read_excel('Smith_glass_post_NYT_data.xlsx',
       sheet_name='Supp_traces')
7
8  x = my_dataset.Zr
9  x_eval = np.arange(0, 1100, 1)
10
11 fig = plt.figure()
12
13 ax1 = fig.add_subplot(2, 1, 1)
14 # Density Histogram
15 ax1.hist(x, bins='auto', density=True, label='Density Histogram
       ', color='#c7ddf4', edgecolor='#000000 ')
16 kde = KDEUnivariate(x)
17 kde.fit()
18 my_kde = kde.evaluate(x_eval)
19 ax1.plot(x_eval, my_kde, linewidth =1.5, color='#ff464a', label=
       'gaussian KDE - auto bandwidth selection')
20 ax1.set_xlabel('Zr [ppm]')
21 ax1.set_ylabel('Probability density')
22 ax1.legend()
23
```

```
24  ax2 = fig.add_subplot(2, 1, 2)
25  # Density Histogram
26  ax2.hist(x, bins= "auto", density = True, label='Density
        Histogram', color='#c7ddf4', edgecolor='#000000 ')
27
28  # KDE
29  # Effect of bandwidth
30  for my_bw in [10,50,100]:
31
32      kde = KDEUnivariate(x)
33      kde.fit(bw = my_bw)
34
35      my_kde = kde.evaluate(x_eval)
36      ax2.plot(x_eval, my_kde, linewidth = 1.5, label='gaussian
            KDE - bw: ' + str(my_bw))
37
38  ax2.set_xlabel('Zr [ppm]')
39  ax2.set_ylabel('Probability density')
40  ax2.legend()
41
42  fig.tight_layout()
```

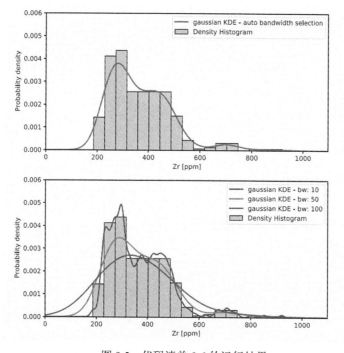

图 9.5　代码清单 9.6 的运行结果

作为在地质学中利用密度直方图和核密度估计求解概率密度函数的示例,代码清单 9.7 和图 9.6 展示了过去 15 亿年 ^{238}U/^{206}Pb 锆石年龄的重建过程。由于最近关于岩浆作用与大规模灭绝的联系性的讨论重新兴起,最大规模的灭绝事件也再次被提起。

代码清单 9.7　核密度估计在地质学中的应用实例

```
1  import pandas as pd
2  import matplotlib.pyplot as plt
3  import numpy as np
4  from statsmodels.nonparametric.kde import KDEUnivariate
5
6  # import Zircon data from Puetz(2010)
7  my_data = pd.read_excel('1-s2.0- S1674987117302141 -mmc1.xlsx',
       sheet_name='Data')
8  my_data = my_data [( my_data.age206Pb_238U >0)&( my_data.
       age206Pb_238U <1500)]
9  my_sample = my_data.age206Pb_238U
10
11 # Plot the Density Histogram
12 fig, ax = plt.subplots(figsize =(8,5))
13 bins = np.arange(0,1500,20)
14 ax.hist(my_sample, bins, color='#c7ddf4', edgecolor='k',
       density=True, label='Density Histogram - bins = 20 My')
15
16 # Compute and plot the KDE
17 age_eval = np.arange(0,1500,10)
18 kde = KDEUnivariate(my_sample)
19 kde.fit(bw =20)
20 pdf = kde.evaluate(age_eval)
21 ax.plot(age_eval, pdf, label ='Gaussian KDE - bw = 20 Ma',
       linewidth =2, alpha =0.7, color='#ff464a')
22
23 # Adjust diagram parameters
24 ax.set_ylim(0,0.0018)
25 ax.set_xlabel('Age(My)')
26 ax.set_ylabel('Probability Density')
27 ax.legend()
28 ax.grid(axis='y')
29
30 # Plot mass extinction annotations
31 mass_extinction_age = [444, 359, 252, 66, 0]
32 pdf_mass_extinction_age = kde.evaluate(mass_extinction_age )
33 mass_extincyion_name = ["Ordovician -Silurian", "Late Devonian",
       "Permian -Triassic", "Cretaceous -Paleogene", "Triggered by
```

```
    Men?"]
34  y_offsets = [0.0001, 0.0001, 0.0002, 0.0002, 0.0004]
35  y_texts = [30, 105, 15, 62, 160]
36  x_texts = [30, 30, 30, 30, 30]
37
38  for x, y, name, x_text, y_text, y_offset in zip(
        mass_extinction_age, pdf_mass_extinction_age,
        mass_extincyion_name, x_texts, y_texts, y_offsets):
39      ax.annotate(name, xy=(x, y + y_offset), xycoords='data',
40      xytext =(x_text, y_text), textcoords='offset points',
41      arrowprops=dict(arrowstyle="->",
42      connectionstyle ="angle, angleA =0, angleB =90, rad =10"))
43
44  fig.tight_layout()
```

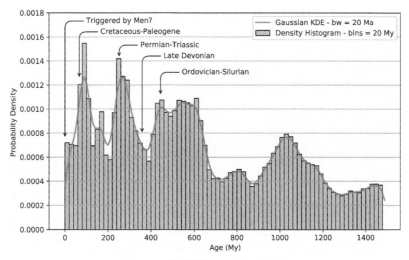

图 9.6 代码清单 9.7 的运行结果

9.6 中心极限定理与正态分布均值

中心极限定理有不同的表述方式,最简单的方法之一是:"不论随机变量的分布函数是什么,大量、独立的随机变量之和都会趋向于正态分布,而这些独立随机变量的均值和方差都是有限的。"

为了帮助读者熟悉中心极限定理,代码清单 9.8 和图 9.7 重现了图 3.7 中由 Hughes 和 Hase 给出的实验。

代码清单 9.8　中心极限定理

```
1  import numpy as np
2  import scipy.stats as stats
3  import matplotlib.pyplot as plt
4
5  fig = plt.figure(figsize =(8,6))
6
7  dists = [stats.uniform(loc =0.5, scale =2), stats.norm(loc =1.5,
       scale =0.5), stats.laplace(loc=1.5, scale =0.6)]
8  names = ['Uniform', 'Normal', 'Laplace']
9  x = np.linspace(0,3,1000)
10
11 for i, (dist, name) in enumerate(zip(dists, names)):
12
13     # Probability Density Function(pdf)
14     pdf = dist.pdf(x)
15     ax1 = fig.add_subplot(3, 3, 3*i+1)
16     ax1.plot(x, pdf, color='#4881 e9', label= name + ' PDF')
17     ax1.set_xlim(0,3)
18     ax1.set_ylim(0,1.5)
19     ax1.set_xlabel('Variable, x')
20     ax1.set_ylabel('Prob. Dens.')
21     ax1.legend()
22
23     #Distribution(rnd) of the Random Variable based on the
       selected pdf
24     rnd = dist.rvs(size =5000)
25     ax2 = fig.add_subplot(3, 3, 3*i+2)
26     ax2.hist(rnd, bins='auto', color='#84 b4e8', edgecolor='
       #000000 ')
27     ax2.set_xlim(0,3)
28     ax2.set_ylim(0,400)
29     ax2.set_xlabel('Variable, x')
30     ax2.set_ylabel('Occurrences')
31
32     ax3 = fig.add_subplot(3, 3, 3*i+3)
33     mean_dist = []
34     for _ in range(1000):
35         mean_dist.append(dist.rvs(size =3).mean())
36     mean_dist = np.array(mean_dist)
37     ax3. hist(mean_dist, density=True, bins='auto', color='#84
       b4e8', edgecolor='#000000 ')
38     normal = stats.norm(loc= mean_dist.mean(), scale= mean_dist
       .std())
```

```
39        ax3.plot(x, normal.pdf(x), color='#ff464a')
40        ax3.set_xlim(0,3)
41        ax3.set_ylim(0,1.5)
42        ax3.set_xlabel('Mean')
43        ax3.set_ylabel('Prob. Dens.')
44
45    fig.tight_layout()
```

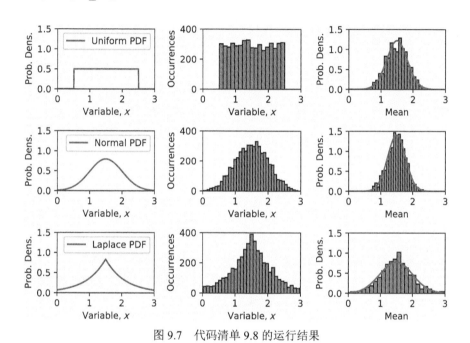

图 9.7　代码清单 9.8 的运行结果

　　具体而言，代码清单 9.8 使用 3 种不同的随机变量分布（即均匀分布、正态分布和拉普拉斯分布）：（1）创建相对概率密度函数（见图 9.7 的第一列）；（2）随机生成 1000 个随机变量（见图 9.7 的第二列）；（3）基于 1000 次尝试，使用 3 次随机选择的随机变量估计均值的分布（见图 9.7 的第三列）。

　　根据中心极限定理，估计均值的直方图呈正态分布（见图 9.7 的第三列），其峰值均值为 1.5。此外，均匀分布（见图 9.7 的第三列）比原始分布（见图 9.7 的第二列）窄 $\sqrt{N}$ 倍。第 10 章将介绍和讨论中心极限定理的更多细节和在地质学方面的意义。

第 10 章
误差分析

10.1 地质测量中的误差处理

正如 Hughes 和 Hase 所述，误差分析的目的是对一组测量值中必定会传播的误差进行量化和记录。地质估计也是如此。以下定义摘自 Hughes 和 Hase 所著的《测量及其不确定性》（*Measurements and their Uncertainties*）一书。两个描述与测量值相关的不确定性的基本术语分别是精确度和准确度。准确是指实验值与允许值一致。精确是指，测量值的分布相对于平均值或绝对值来说"很小"。本章还将讨论标准误差（即均值估计的不确定性）以及如何使用线性法或蒙特卡洛法传播不确定性。

10.1.1 精确度和准确度

为了介绍精确度和准确度的概念，这里用一个实例来说明，即在地质样品化学成分检测仪器的性能评估中介绍精确度和准确度。分析装置的精确度和准确度，通常以参考物质来衡量，例如将已知化学成分的均质样品（如果经过认证会更好）当作成分未知进行分析（参见代码清单 10.1）。佩鲁贾大学的 LS-ICP-MS 设施对 USGS BCR2G 参考物质进行了约 5 年的反复分析，得到相关结果。这些结果是在非常适宜的操作条件下获得的，包括使用的光束直径为 80μm，频率为 10Hz，激光通量约为 3.5J/cm^2。化学元素是镧（La），其浓度为 25.6±0.5ppm。相关数据存储在 USGS_BCR2G.xls 文件中。

代码清单 10.1　用 LA-ICP-MS 测定 USGS_BCR2G 参考物质中的 La

```
1  import pandas as pd
2  import scipy.stats as stats
3  import matplotlib.pyplot as plt
```

```
4  import numpy as np
5
6  my_dataset = pd.read_excel('USGS_BCR2G.xls', sheet_name='Sheet1 ')
7
8  fig, ax = plt.subplots()
9  ax.hist(my_dataset.La, bins='auto', density=True, edgecolor ='
       #000000', color='#c7ddf4', label="USGS BCR2G")
10 ax.set_xlabel("La [ppm]")
11 ax.set_ylabel("Probability Density")
12
13 x = np.linspace(23,27.5,500)
14 pdf = stats.norm(loc=my_dataset.La.mean(), scale=my_dataset.La.std
       ()).pdf(x)
15
16 ax.plot(x,pdf, linewidth =2, color='#ff464a', label='Normal
       Distribution')
17
18 ax.legend()
```

代码清单 10.1 的运行结果如图 10.1 所示。

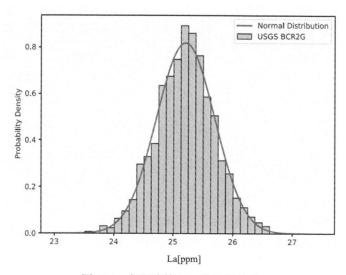

图 10.1　代码清单 10.1 的运行结果

具体地说，准确度衡量的是估计值与实测值的一致性。通常，分析设备（在我们的案例中是 LA-ICP-MS）的准确度是通过评估标准物质的估计值和允许值的一致性来确定的。测量值的均值 μ 与允许值 R 的偏差是对准确度的估计：

$$\text{Accuracy[\%]} = \frac{\mu - R}{R} \times 100 \qquad\qquad （式 10.1）$$

一组测量值的精确度是指测量值分布的范围，可以用离散度来估计。通常而言，标准差是对离散度的度量，通常以百分比表示：

$$\text{Precision[\%]} = \frac{\sigma}{R} \times 100 \qquad\qquad （式 10.2）$$

代码清单 10.2　准确度和精确度

```
1   my_mean = my_dataset.La.mean()
2   R = 25.6
3   accuracy = 100 * (my_mean - R) / R
4   my_std = my_dataset.La.std()
5   precision = 100 * my_std / R
6
7   fig, ax = plt.subplots(figsize =(6,5))
8   ax.hist(my_dataset.La, bins = 'auto', density = True, edgecolor =
        '#000000', color = '#c7ddf4', label = 'USGS BCR2G')
9   ax.set_xlabel('La [ppm]')
10  ax.set_ylabel('Probability Density')
11
12  ax.axvline(x=my_dataset.La.mean(), color='#ff464a', linewidth =3,
        label='Mean of the Measurements:' + str(round(my_mean, 1)) + '
        [ppm]')
13  ax.axvline(x = R, color='#342 a77', linewidth =3, label='Accepded
        Value')
14
15  ax.axvline(x = my_mean - my_std, color = '#4881 e9', linewidth = 1)
16  ax.axvline(x = my_mean + my_std, color = '#4881 e9', linewidth = 1)
17  ax.axvspan(my_mean - my_std, my_mean + my_std, alpha = 0.2, color
        = '#342 a77', label = r'$1\sigma$ ')
18  ax.legend(loc='upper center', bbox_to_anchor =(0.5, -0.15),
        fancybox=False, shadow=False, ncol=2, title = 'Accuracy = {:.1
        f} % - Precision = {:.1f} %'.format(accuracy, precision))
19
20  fig.tight_layout()
```

代码清单 10.2 的运行结果如图 10.2 所示。

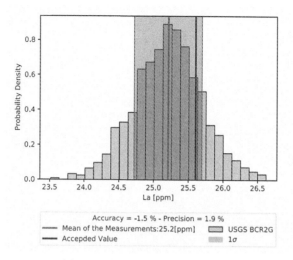

图 10.2 代码清单 10.2 的运行结果

10.1.2 置信区间

根据中心极限定理，由于存在许多随机的（小的）不确定性来源，对于同一目标，一组足够大的测量值将趋于正态分布。

因此，通过将图 10.1 中的直方图拟合为正态分布，我们可以强调 La 的测量值位于均值附近的一次（68.27%）、两次（95.45%）或三次标准差（99.73%）概率（见式 9.4、代码清单 10.3 和图 10.3）。

代码清单 10.3 置信区间

```
1   import numpy as np
2   import matplotlib.pyplot as plt
3
4
5   def normal_pdf(x, mu, sigma):
6       pdf = 1/( sigma*np.sqrt(2*np.pi)) * np.exp(-(x-mu)**2 / (2*
        sigma **2))
7       return pdf
8
9   signa_levels = [1, 2, 3]
10  confidences = [68.27, 95.45, 99.73]
11
12  fig = plt.figure(figsize =(7,8))
13
14  my_mean = my_dataset.La.mean()
15  my_std = my_dataset.La.std()
```

```
16
17   x_pdf = np.linspace(my_mean - 4 * my_std, my_mean + 4 * my_std,
         1000)
18   my_pdf = normal_pdf(x_pdf, my_mean, my_std)
19
20   for signa_level, confidence in zip(signa_levels,confidences ):
21       ax = fig.add_subplot(3, 1, signa_level )
22       ax.hist(my_dataset.La, bins='auto', density=True, edgecolor='
         #000000', color='#c7ddf4', label='USGS BCR2G', zorder =0)
23       x_confidence = np.linspace(my_mean - signa_level * my_std,
         my_mean + signa_level * my_std, 1000)
24       ax.plot(x_pdf, my_pdf, linewidth =2, color='#ff464a', label='
         Normal Distribution', zorder =1)
25       ax.fill_between(x_confidence, normal_pdf(x_confidence, my_mean
         , my_std), y2=0, color='#ff464a', alpha =0.2, label='prob. = {}
         '.format(confidence) + ' %', zorder =1)
26       ax.legend(ncol=3, loc='upper center', title=r'$\mu~ \pm ~$' +
         str(signa_level ) + r'$ ~ \sigma ~ $ = ' + '{:.1f}'.format(
         my_mean) + r'$~ \pm ~$' + '{:.1f}'.format(signa_level * my_std
         ))
27       ax.set_ylim(0,1.6)
28       ax.set_xlabel('La [ppm]')
29       ax.set_ylabel('prob. dens.')
30
31   fig.tight_layout()
```

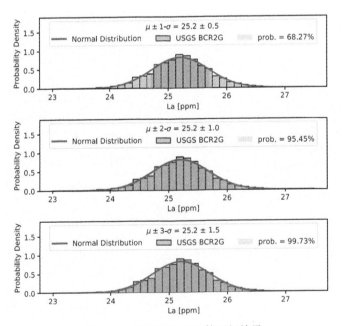

图 10.3　代码清单 10.3 的运行结果

需要注意的是，图 10.3 简单地展示了基于均值 μ 和置信区间估计数量 x 的基本原理：

$$\mu \pm n\sigma_x \qquad\qquad (\text{式 } 10.3)$$

$n = 1, 2, 3, \cdots$ 对应的置信区间分别为 68.27%、95.45%、99.73%。

10.1.3　均值估计的不确定性：标准误差

均值的标准偏差或标准误差（SE），是对一组测量值的均值位置不确定性的度量：

$$SE = \frac{\sigma_s}{\sqrt{n}} \qquad\qquad (\text{式 } 10.4)$$

因此，平均估计值 μ_s 应为：

$$\mu_s \pm SE = \mu_s \pm \frac{\sigma_s}{\sqrt{n}} \qquad\qquad (\text{式 } 10.5)$$

式 10.4 的意义是可以根据中心极限定理来计算标准偏差。假设你正在使用精心校准过的分析设备（即无准确度偏差）对已知目标值为 1.5（这里的单位不重要）的均质材料（例如像 USGS BCR2G 这样的地质参考材料）进行采样。

考虑到存在与分析设备相关的众多随机不确定性，假定目标总体（即所有合理测量值的集合）呈正态分布，符合中心极限定理（见图 10.4 上部）。为开展分析，我们开始对目标总体进行抽样。基于 n 个估计值的均值估计值的不确定性是什么？标准误差是这种不确定性的一个度量，可以使用式 10.4，也可以通过 N 个测量值多次（在代码清单 10.4 中为 1000 次）重复平均估计的标准差来衡量（参见图 10.4 中部）。作为地质学家，我们只相信证据，图 10.4 下部所示是对通过式 10.4 得到的 SE 和上述实验所得均值标准差分布的比较。代码清单 10.4 阐明了 SE 的含义与创建图 10.4 的过程。

代码清单 10.4　标准偏差估计

```
1  import numpy as np
2  import scipy.stats as stats
3  import matplotlib.pyplot as plt
4
5  mean_value = 1.5
6  std_dev = 0.5
7  dist = stats.norm(loc=mean_value, scale=std_dev)
8  x = np.linspace(0, 3, 1000)
9  fig = plt.figure(figsize =(6,8))
10
```

```
11   # Distribution of the Random Variable based on the normal PDF
12   pdf = dist.pdf(x)
13   ax1 = fig.add_subplot(3, 1, 1)
14   ax1.plot(x, pdf, color='#84 b4e8', label =r'$\mu_p$ = 1.5 - 1$\
         sigma_p$ = 0.5')
15   ax1.set_xlim(0,3)
16   ax1.set_ylim(0,1)
17   ax1.set_xlabel('Variable, x')
18   ax1.set_ylabel('Prob. Dens.')
19   ax1.legend(title = 'Parent Distribution')
20
21   # Dependence of the SE on the Central Limit Theorem
22   ax2 = fig.add_subplot(3, 1, 2)
23   std_of_the_mean = []
24   ns = [2, 10, 100, 500]
25
26   for n in ns:
27       # Mean Estimation Based on 1000 attempts using N values
28       mean_dist = []
29       for _ in range(1000):
30           mean_dist.append(dist.rvs(size=n).mean())
31       mean_dist = np.array(mean_dist)
32       std_of_the_mean.append(mean_dist.std())
33       normal = stats.norm(loc=mean_dist.mean(), scale=mean_dist.std
         ())
34       ax2.plot(x, normal.pdf(x), label='N = ' + str(n))
35   ax2.set_xlim(0, 3)
36   ax2.set_xlabel('Mean')
37   ax2.set_ylabel('Prob. Dens.')
38   ax2.legend(title='Standard Deviation of the Means', ncol =2)
39
40   # SE estimates and the empirically derived std of the Means
41   ax3 = fig.add_subplot(3, 1, 3)
42   ax3.scatter(ns, std_of_the_mean, color='#ff464a', edgecolor='
         #000000', label='Standard Deviation of the Means', zorder = 1)
43   n1 = np.linspace(1, 600, 600)
44   se = std_dev / np.sqrt(n1)
45   ax3.plot(n1, se, c='#4881 e9', label='Standard Error(SE)', zorder
         =0)
46   ax3.set_xlabel('N')
47   ax3.set_ylabel('Standard Error, SE')
48   ax3.legend()
49   fig.tight_layout()
```

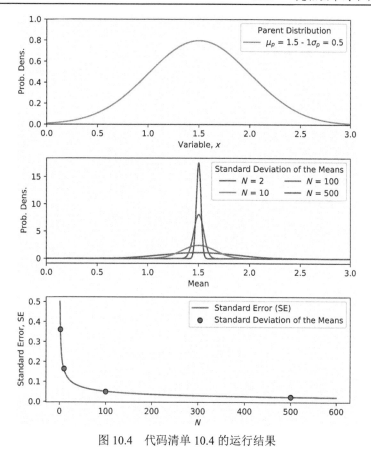

图 10.4　代码清单 10.4 的运行结果

　　SE 提供了哪些信息呢？要回答这个问题，需要结合代码清单 10.4 和图 10.4，对图 10.4 中相同的正态总体进行抽样（例如分析未知的地质材料，或对层理的倾角或走向等的质量采样），均值和标准差分别为 1.5 和 0.5。只进行 3 次估算，均值和标准差估计值分别为 1.56 和 0.51。在这种情况下，SE = 0.23，所以 $\mu_S = 1.56 \pm 0.23$，$\sigma_S = 0.51$。请注意，度量的确定需要 3 个参数。随着 N 的增加，SE 逐渐减小，μ_S 成为母体均值的更稳健估计（见图 10.4）。

　　请永远记住，标准差是对抽样分布范围的度量，它强调均值代表抽样分布的准确性。相比之下，标准差衡量的是样本均值 μ_S 与真实总体均值 μ_p 之间的差距。最后，请注意，SE 始终小于 σ_S。

10.2　二元相图中的不确定性报告

　　经验估计（例如地质取样和分析测定）中总是存在误差。因此，在数据可视化和建模过程中应始终考虑不确定性。假设我们的估计服从正态分布（参见 9.6 节描述的中心极限定理），我们可以使用 1σ、2σ 和 3σ 将置信水平设置为 68%、95% 和 99.7%。

在二元相图中，使用 matplotlib.pyploy 模块中的 *errorbar()* 函数可以很容易地导出误差（见代码清单 10.5 和图 10.5）。

代码清单 10.5　导出二元相图中的误差

```
1  import pandas as pd
2  import matplotlib.pyplot as plt
3
4  my_dataset1 = pd.read_excel('Smith_glass_post_NYT_data.xlsx',
       sheet_name='Supp_traces')
5
6  x = my_dataset1.Zr
7  y = my_dataset1.Th
8  dx = my_dataset1.Zr * 0.1
9  dy = my_dataset1.Th * 0.1
10
11 fig, ax = plt.subplots()
12 ax.errorbar(x, y, xerr=dx, yerr=dy, marker='o', markersize =4,
       linestyle='', color='#c7ddf4', markeredgecolor ='k', ecolor='
       0.7', label='Recent CFC activity')
13 ax.set_xlabel('Zr [ppm]')
14 ax.set_ylabel('Th [ppm]')
15 ax.legend(loc='upper left')
```

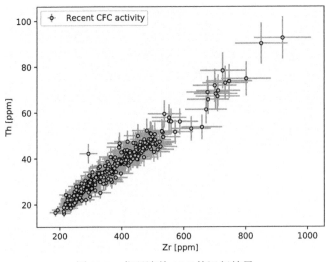

图 10.5　代码清单 10.5 的运行结果

*errorbar()*函数可以接收 *plot()*的所有可用参数,以及 *xerr*、*yerr* 和相关变量,*xerr* 和 *yerr* 分别是 *x* 轴和 *y* 轴上的误差。

此外,误差也可以是一维或二维数组。使用一维数组(见图 10.5)为每个点定义对称 误差(即 *x*±*xerr*)。最后,将 *xerr* 和 *yerr* 输出为二维数组,得到非对称误差(参见代码清 单 10.6 和图 10.6)。

代码清单 10.6 导出二元相图中的误差

```
1  import numpy as np
2  import matplotlib.pyplot as plt
3
4  x = np.array([250,300,360,480,570,770,870,950])
5  y = np.array([20,25,30,40,50,70,80,100])
6
7
8  fig = plt.figure(figsize =(6,8))
9
10 # xerr and yerr reported as single value
11 dx = 50
12 dy = 10
13 ax1 = fig.add_subplot(3,1,1)
14 ax1.errorbar(x, y, xerr=dx, yerr=dy, marker='o', markersize =6,
       linestyle = '', color='#c7ddf4', markeredgecolor ='k', ecolor='
       0.7', label='single value for xerr and yerr')
15 ax1.legend(loc='upper left')
16
17 # xerr and yerr reported as 1D array
18 dx = np.array([25,35,40,120,150,30,30,25])
19 dy = np.array([8,8,6,7,7,35,40,40])
20
21 ax2 = fig.add_subplot(3,1,2)
22 ax2.errorbar(x, y, xerr=dx, yerr=dy, marker='o', markersize =6,
       linestyle = '', color='#c7ddf4', markeredgecolor ='k', ecolor='
       0.7', label='xerr and yerr as 1D array')
23 ax2.set_ylabel('Th [ppm]')
24 ax2.legend(loc='upper left')
25
26 # xerr and yerr reported as 2D array
27 dx = np.array
       ([[80,60,70,100,150,150,20,100],[20,25,30,30,30,30,90,30]])
28 dy = np.array([[10,4,10,15,15,20,5,5],[2,8,4,4,6,7,10,20]])
29
30 ax3 = fig.add_subplot(3,1,3)
31 ax3.errorbar(x, y, xerr=dx, yerr=dy, marker='o', markersize =6,
       linestyle = '', color='#c7ddf4', markeredgecolor ='k', ecolor='
```

```
     0.7', label='xerr and yerr as 2D array')
32  ax3.set_xlabel('Zr [ppm]')
33  ax3.legend(loc='upper left')
34
35  fig.tight_layout()
```

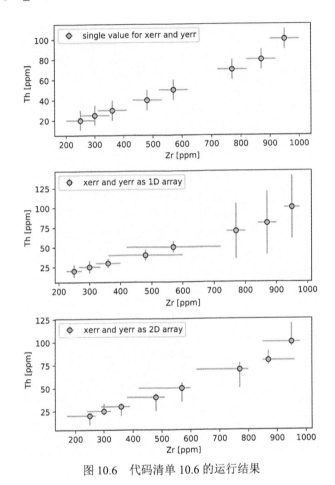

图 10.6　代码清单 10.6 的运行结果

最后，为提供可以发布的图表，可以通过许多不同的个性化方式得到误差（例如代码清单 10.7 和代码清单 10.8，以及图 10.7 和图 10.8）。

代码清单 10.7　导出二元相图中的误差

```
1  import numpy as np
2  import matplotlib.pyplot as plt
3
4  x = np.array([200, 300, 360, 480, 570, 770, 870, 950])
```

```
5   y = np.array([10, 15, 30, 40, 50, 70, 80, 100])
6   dx = 40
7   dy = 10
8
9   fig = plt.figure()
10  ax1 = fig.add_subplot(2, 1, 1)
11  ax1.errorbar(x, y, xerr=dx, yerr=dy, marker='o', markersize =4,
        linestyle='', color='k', ecolor='0.7', elinewidth =3, capsize
        =0, label='Recent activity of the CFC')
12  ax1.legend(loc='upper left')
13  ax1.set_xlabel('Zr [ppm]')
14  ax1.set_ylabel('Th [ppm]')
15
16  ax2 = fig.add_subplot(2,1,2)
17  ax2.errorbar(x, y, xerr=dx, yerr=dy, marker='o', markersize =6,
        linestyle='', color='#c7ddf4', markeredgecolor ='k', ecolor='k'
        , elinewidth = 0.8, capthick =0.8, capsize =3, label='Recent
        activity of the CFC')
18  ax2.legend(loc='upper left')
19  ax2.set_xlabel('Zr [ppm]')
20  ax2.set_ylabel('Th [ppm]')
```

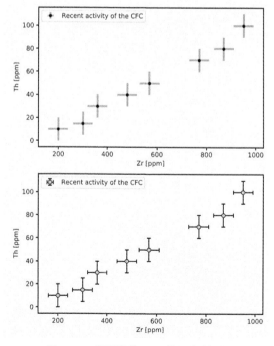

图 10.7 代码清单 10.7 的运行结果

代码清单 10.8　导出二元相图中的误差

```
1   import pandas as pd
2   import matplotlib.pyplot as plt
3
4
5   def plot_errorbar(x,y, dx, dy, xoffset, yoffset, text, ax):
6   ax.errorbar(x,y, xerr=dx, yerr=dy, marker='', linestyle = '',
        elinewidth =.5, capthick =0.5, ecolor='k', capsize =3)
7       ax.text(x + xoffset, y + yoffset, text)
8
9   my_dataset1 = pd.read_excel('Smith_glass_post_NYT_data.xlsx',
        sheet_name='Supp_traces')
10
11  x = my_dataset1.Zr
12  y = my_dataset1.Th
13
14  dx = 60
15  dy = 7
16
17  errorbar_x = x.max() - x.max() * 0.1
18  errorbar_y = y.min() + y.max() * 0.1
19
20  fig, ax1 = plt.subplots()
21  ax1.scatter(x, y, marker='o', color='#4881 e9', edgecolor='k',
        alpha =0.8, label='Recent activity of the CFC')
22
23  plot_errorbar(errorbar_x, errorbar_y, dx, dy, dx/4, dy/4, r'2$\
        sigma$', ax1)
24
25  ax1.legend(loc='upper left')
26  ax1.set_xlabel('Zr [ppm]')
27  ax1.set_ylabel('Th [ppm]')
```

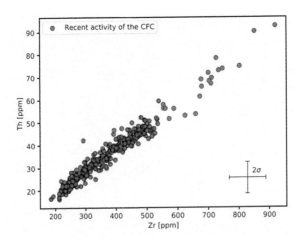

图 10.8　代码清单 10.8 的运行结果

10.3 误差传播的线性化方法

当使用线性化近似（即一阶泰勒级数展开）方法，并假设变量不相关、统计上独立（即自变量与其他参数的大小和误差不相关）时，误差传播公式一般采用以下形式：

$$\sigma_z = \sqrt{\left(\frac{\partial z}{\partial a}\right)^2 (\sigma_a)^2 + \left(\frac{\partial z}{\partial b}\right)^2 (\sigma_b)^2 + \left(\frac{\partial z}{\partial c}\right)^2 (\sigma_c)^2 + \cdots} \qquad (\text{式 } 10.6)$$

其中多元函数 $z = f(a, b, c, \cdots)$，它与 $a \pm \sigma_a$、$b \pm \sigma_b$ 和 $c \pm \sigma_c$ 等观测变量相关。表 10.1 列出了通常用于解决地质问题的一些简单、常见方程的误差传播。如果所涉及的变量之间的相关性不能被忽略（即它们不是独立的），则应添加附加项。例如，给定函数 $z = f(x, y)$，它的误差取决于测量值 $x \pm \sigma_x$ 和 $y \pm \sigma_y$，以及 x 和 y 之间的协方差 σ_{xy}，则 z 的不确定性为：

$$\sigma_z = \sqrt{\left(\frac{\partial z}{\partial x}\right)^2 (\sigma_x)^2 + \left(\frac{\partial z}{\partial y}\right)^2 (\sigma_y)^2 + 2\frac{\partial z}{\partial x}\frac{\partial z}{\partial y}\sigma_{xy}} \qquad (\text{式 } 10.7)$$

请记住，基于一阶泰勒级数展开的线性化近似方法需要假设误差量级很小。因此，只有当涉及的不确定性足够小时，它才是有效的（例如低于 10% 才能进行粗略估计）。

表 10.1　通常用于解决地质问题的常用方程的误差传播（由 Hughes 和 Hase 修改）

函数 z	误差	函数 z	误差
$z = 1/a$	$\sigma_z = z^2 \sigma_a$	$z = \exp(a)$	$\sigma_z = z\sigma_a$
$z = \ln(a)$	$\sigma_z = \sigma_a / a$	$z = 10^a$	$\sigma_z = \sigma_a / [a\ln(10)]$
$z = a^n$	$\sigma_z = \left|na^{n-1}\right|\sigma_a$	$z = \log_{10}(a)$	$\sigma_z = 10^a \ln(10)\sigma_a$
$z = \sin(a)$	$\sigma_z = \left|\cos(a)\right|\sigma_a$	$z = \cos(a)$	$\sigma_z = \left|\sin(a)\right|\sigma_a$
$z = a + b$	$\sigma_z = \sqrt{(\sigma_a)^2 + (\sigma_b)^2}$	$z = a - b$	$\sigma_z = \sqrt{(\sigma_a)^2 + (\sigma_b)^2}$
$z = ab$	$\sigma_z = z\sqrt{\left(\frac{\sigma_a}{a}\right)^2 + \left(\frac{\sigma_b}{b}\right)^2}$	$z = a/b$	$\sigma_z = z\sqrt{\left(\frac{\sigma_a}{a}\right)^2 + \left(\frac{\sigma_b}{b}\right)^2}$

在最简单的情况下，你可以开发并调用 Python 函数来传播误差。代码清单 10.9 展示了基于表 10.1 的两个实例（即加法与除法）。

代码清单 10.9　表 10.1 中加法以及除法规则的应用示例

```
1   import numpy as np
2
3   def sum_ab(a, b, sigma_a, sigma_b):
4       z = a + b
5       sigma_z = np.sqrt(sigma_a **2 + sigma_b **2)
6       return z, sigma_z
7
8   def division_ab(a, b, sigma_a, sigma_b):
9       z = a / b
10      sigma_z = z * np.sqrt(( sigma_a/a)**2 + (sigma_b/b)**2)
11      return z, sigma_z
```

你也可以使用符号法求解式 10.6 或式 10.7。例如，代码清单 10.10 利用 SymPy 借由式 10.6 传播误差。

代码清单 10.10　用符号法求解式 10.6 的应用示例

```
1   import sympy as sym
2
3   a, b, sigma_a, sigma_b = sym.symbols("a b sigma_a sigma_b")
4
5   def symbolic_error_prop(func, val_a, val_sigma_a, val_b=0,
        val_sigma_b =0):
6
7       z = sym.lambdify([a,b],func, 'numpy')
8       sigma_z = sym.lambdify([a, b, sigma_a, sigma_b], sym.sqrt((sym
        .diff(func, a)**2 * sigma_a **2) +(sym.diff(func, b)**2 *
        sigma_b **2)), 'numpy')
9       val_z = z(a=val_a, b=val_b)
10      val_sigma_z = sigma_z(a=val_a, b=val_b, sigma_a=val_sigma_a,
        sigma_b=val_sigma_b )
11
12      return val_z, val_sigma_z
```

代码清单 10.11 和图 10.9 比较了基于表 10.1 中自定义误差传播函数的结果和符号法的

结果。不出所料，两者结果一致，如图 10.9 所示。

代码清单 10.11　以代码清单 10.9 中的自定义误差传播函数、代码清单 10.10 中的符号法求解式 10.6

```
1  my_a = np.array([2, 3, 5, 7, 10])
2  my_sigma_a = np.array([0.2, 0.3, 0.4, 0.7, 0.9])
3  my_b = np.array([2, 3, 6, 4, 8])
4  my_sigma_b = np.array([0.3, 0.3, 0.5, 0.5, 0.5])
5
6  # errors propagated using custom functions
7  my_sum_ab_l, my_sigma_sum_ab_l = sum_ab(a=my_a, b=my_b, sigma_a=
       my_sigma_a, sigma_b=my_sigma_b)
8  my_division_ab_l, my_sigma_division_ab_l = division_ab(a=my_a, b=
       my_b, sigma_a=my_sigma_a, sigma_b=my_sigma_b)
9
10 # errors propagated using the symbolic approach
11 my_sum_ab_s, my_sigma_sum_ab_s = symbolic_error_prop(func=a+b,
       val_a=my_a, val_sigma_a =my_sigma_a, val_b=my_b, val_sigma_b =
       my_sigma_b)
12 my_division_ab_s, my_sigma_division_ab_s = symbolic_error_prop(
       func=a/b, val_a=my_a, val_sigma_a =my_sigma_a, val_b=my_b,
       val_sigma_b =my_sigma_b)
13
14 fig = plt.figure(figsize =(8, 8))
15 ax1 = fig.add_subplot(2, 2, 1)
16 ax1.errorbar(x=my_a, y=my_sum_ab_l, xerr=my_sigma_a, yerr=
       my_sigma_sum_ab_l, linestyle='', marker='o', ecolor='k',
       elinewidth =0.5, capsize =1, label='Errors by custom functions')
17 ax1.set_xlabel('a')
18 ax1.set_ylabel('a + b')
19 ax1.legend()
20 ax2 = fig.add_subplot(2, 2, 2)
21 ax2.errorbar(x=my_a, y=my_sum_ab_s, xerr=my_sigma_a, yerr=
       my_sigma_sum_ab_s, linestyle='', marker='o', ecolor='k',
       elinewidth =0.5, capsize =1, label='Errors by the symbolic
       approach')
22 ax2.set_xlabel('a')
23 ax2.set_ylabel('a + b')
24 ax2.legend()
25 ax3 = fig.add_subplot(2, 2, 3)
26 ax3.errorbar(x=my_a, y=my_division_ab_l, xerr=my_sigma_a, yerr=
       my_sigma_division_ab_l, linestyle='', marker='o', ecolor='k',
```

```
         elinewidth =0.5, capsize =1, label='Errors by custom functions')
27  ax3.set_xlabel('a')
28  ax3.set_ylabel('a / b')
29  ax3.legend()
30  ax4 = fig.add_subplot(2,2,4)
31  ax4.errorbar(x=my_a, y=my_division_ab_s, xerr=my_sigma_a, yerr=
         my_sigma_division_ab_s, linestyle='', marker ='o', ecolor='k',
         elinewidth =0.5, capsize =1, label='Errors by the symbolic
         approach')
32  ax4.set_xlabel('a')
33  ax4.set_ylabel('a / b')
34  ax4.legend()
35  fig.tight_layout()
```

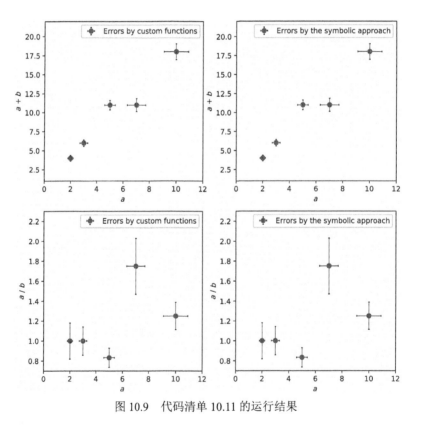

图 10.9　代码清单 10.11 的运行结果

　　在地质学方面，也有误差传播线性化的例子，比如，绘制坎皮弗莱格瑞火山口（Campi Flegrei Caldera）近期火山活动中火山灰中铷/钍（Rb/Th）与镧（La）的比值（见代码清单 10.12 和图 10.10）。

代码清单 10.12 计算坎皮弗莱格瑞火山口近期火山活动中火山灰中铷/钍（Rb/Th）与镧（La）的比值，误差传播使用线性化方法

```
1   import pandas as pd
2   import matplotlib.pyplot as plt
3   import sympy as sym
4
5   a, b, sigma_a, sigma_b = sym.symbols("a b sigma_a sigma_b")
6
7   def symbolic_error_prop(func, val_a, val_sigma_a, val_b=0,
        val_sigma_b =0):
8
9       z = sym.lambdify([a, b], func, 'numpy')
10      sigma_z = sym.lambdify([a, b, sigma_a, sigma_b], sym.sqrt((sym
        .diff(func, a)**2 * sigma_a **2) +(sym.diff(func,b)**2 * sigma_b
        **2)), 'numpy')
11      val_z = z(a=val_a, b=val_b)
12      val_sigma_z = sigma_z(a=val_a, b=val_b, sigma_a=val_sigma_a,
        sigma_b=val_sigma_b )
13
14      return val_z, val_sigma_z
15
16  my_dataset = pd.read_excel('Smith_glass_post_NYT_data.xlsx',
        sheet_name='Supp_traces')
17
18  ratio_y, sigma_ratio_y = symbolic_error_prop(a/b, val_a=my_dataset
        .Rb, val_sigma_a =my_dataset.Rb*0.1, val_b=my_dataset.Th,
        val_sigma_b =my_dataset.Th *0.1)
19
20  my_dataset['Rb_Th'] = ratio_y
21  my_dataset['Rb_Th_1s'] = sigma_ratio_y
22
23  epochs = ['one','two','three','three -b']
24  colors = ['#afbbb5', '#f10e4a', '#27449c', '#f9a20e']
25
26  fig, ax = plt.subplots()
27  for epoch, color in zip(epochs, colors):
28      my_data = my_dataset [( my_dataset.Epoch == epoch)]
29      ax.errorbar(x=my_data.La, y=my_data.Rb_Th, xerr=my_data.La
        *0.1, yerr=my_data.Rb_Th_1s, linestyle='', markerfacecolor =
        color, markersize =6, marker='o', markeredgecolor ='k', ecolor=
        color, elinewidth =0.5, capsize =0, label="Epoch " + epoch)
```

```
30
31  ax.legend(title='CFC Recent Activity')
32  ax.set_ylabel('Rb/Th')
33  ax.set_xlabel('La [ppm]')
```

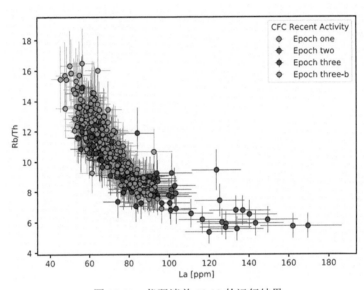

图 10.10　代码清单 10.12 的运行结果

10.4　误差传播的蒙特卡洛方法

蒙特卡洛（Monte Carlo，MC）数值模型使用简单的随机事件模拟复杂的概率事件。蒙特卡洛方法依赖于真随机数生成器（true-random number generator，TRNG）或伪随机数生成器（pseudo-random number generator，PRNG）生成模拟目标概率分布函数的样本分布。

TRNG 和 PRNG 有什么不同？TRNG 通常基于硬件设备，可生成真实（不确定的）随机数。相反，PRNG 是一种确定性算法，可以生成"看起来随机"的数字序列。但是，在起始条件相同（即相同的种子设定）的情况下，PRNG 会返回相同的数字序列。

在 NumPy 1.21 中，默认 PRNG 是 PCG64，提供各种随机抽样分布（例如均匀分布、正态分布等）。它是 O'Neill 置换同余生成器的 128 位实现。

PCG64 的周期为 2^{128}，支持任意步数和 2^{127} 个流。

代码清单 10.13 提供了一个示例，展示了如何通过生成一个随机数字序列（即随机抽样分布）来模拟正态分布和均匀分布的概率密度函数，并对特定概率密度函数进行随机采样（见图 10.11）。代码清单 10.13 使用了基于 PCG64 PRNG 的 *np.random.default_rng()* 语句（第 14 行）。

代码清单 10.13　对服从正态分布和均匀分布的概率密度函数进行随机抽样

```
1  import numpy as np
2  import matplotlib.pyplot as plt
3
4  def normal_pdf(x, mu, sigma):
5      pdf = 1/( sigma * np.sqrt(2*np.pi)) * np.exp(-(x-mu)**2 / (2*
       sigma **2))
6      return pdf
7
8  def unifrom_pdf(x, a, b):
9      pdf = np.piecewise(x, [(x>=a) & (x<=b), (x<a) & (x>b)], [1/(b-a),
       0])
10     return pdf
11
12 # Random sampling of a normal distribution
13 my_mu, my_sigma = 0, 0.1 # mean and standard deviation
14 sn = np.random.default_rng().normal(loc=my_mu, scale=my_sigma,
       size =10000)
15 fig = plt.figure()
16 ax1 = fig.add_subplot(2, 1, 1)
17 ax1.hist(sn, density=True, bins='auto', edgecolor='k', color='#
       c7ddf4', label='Random Sampling of the Normal Distribution')
18 my_xn = np.linspace(my_mu - 4 * my_sigma, my_mu + 4 * my_sigma,
       1000)
19 my_yn = normal_pdf(x=my_xn, mu=my_mu, sigma=my_sigma)
20 ax1.plot(my_xn, my_yn,linewidth =2, linestyle='--', color='#ff464a'
       , label='Target Normal Probability Density Function')
21 ax1.set_ylim(0.0, 7.0)
22 ax1.set_xlabel('x')
23 ax1.set_ylabel('Prob. Density')
24 ax1.legend()
25
26 # Random sampling of a uniform distribution
27 my_a, my_b = -1, 1 # lower and upper bound of the uniform
       distribution
28 su = np.random.default_rng().uniform(low=my_a, high=my_b, size
```

```
     =10000)
29   ax2 = fig.add_subplot(2, 1, 2)
30   ax2.hist(su, density=True, bins='auto', edgecolor='k', color='#
       c7ddf4', label='Random Sampling of the Uniform Distribution')
31   my_xu = np.linspace(-2, 2, 1000)
32   my_yu = unifrom_pdf(x=my_xu, a=my_a, b=my_b)
33   ax2.plot(my_xu, my_yu, linewidth =2, linestyle='--', color='#ff464a
       ', label='Target Uniform Probability Density Function')
34   ax2.set_ylim(0, 1)
35   ax2.set_xlabel('x')
36   ax2.set_ylabel('Prob. Density')
37   ax2.legend()
38
39   fig.tight_layout()
```

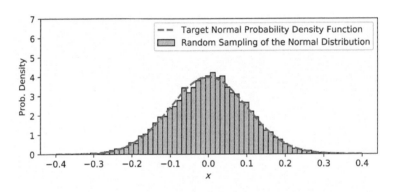
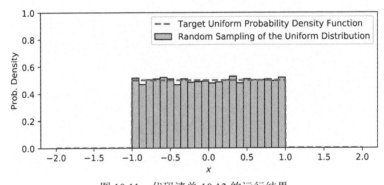

图 10.11 代码清单 10.13 的运行结果

代码清单 10.14 展示了如何使用 PCG64 以外的 PRNG 来获得与图 10.11 所示的相同的正态分布，该正态分布的均值 μ 和标准差 σ 分别为 0 和 0.1。

图 10.12 显示了代码清单 10.14 的运行结果。

代码清单 10.14 使用其他 PRNG 生成的正态分布随机样本

```
1  import numpy as np
2  import matplotlib.pyplot as plt
3
4  def normal_pdf(x, mu, sigma):
5      pdf = 1/( sigma * np.sqrt(2 * np.pi)) * np.exp( - (x - mu)**2 /
       (2 * sigma **2))
6      return pdf
7
8  fig = plt.figure(figsize =(6,9))
9
10 # Random sampling of a normal distribution
11 my_mu, my_sigma = 0, 0.1 # mean and standard deviation
12
13 bit_generators = [np.random.MT19937 (), np.random.Philox(), np.
       random.SFC64 ()]
14 names = ['Mersenne Twister PRNG(MT19937)', 'Philox(4x64) PRNG(
       Philox)', 'Chris Doty -Humphrey\'s SFC PRNG(SFC64)']
15 indexes = [1,2,3]
16
17 for bit_generator, name, index in zip(bit_generators, names,
       indexes):
18     sn = np.random.Generator(bit_generator ).normal(loc = my_mu,
       scale = my_sigma, size = 10000)
19     ax = fig.add_subplot(3, 1, index)
20     ax.hist(sn, density=True, bins='auto', edgecolor='k', color='#
       c7ddf4', label=name)
21     my_xn = np.linspace(my_mu - 4 * my_sigma, my_mu + 4 * my_sigma
       , 1000)
22     my_yn = normal_pdf(x=my_xn, mu=my_mu, sigma=my_sigma)
23     ax.plot(my_xn, my_yn, linewidth =2, linestyle='--', color='#
       ff464a', label ='Target Normal PDF')
24     ax.set_ylim(0.0, 7.0)
25     ax.set_xlim(my_mu - 6 * my_sigma, my_mu + 6 * my_sigma)
26     ax.set_xlabel('x')
27     ax.set_ylabel('Probability Density')
28     ax.legend()
29
30 fig.tight_layout()
```

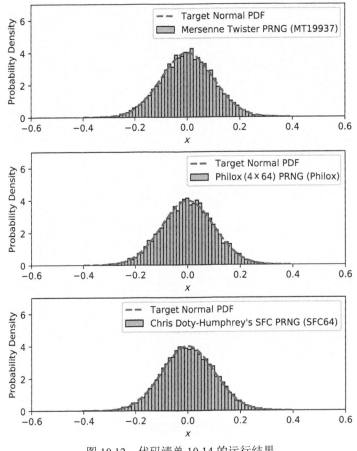

图 10.12 代码清单 10.14 的运行结果

对于地质建模中的大多数基础任务（例如基本误差传播），使用表 10.2 中所列 PRNG 得到的运行结果都能令人满意，因此我建议使用默认生成器。

表 10.2 NumPy 1.19 中提供的伪随机数生成器（PRNG）

PRNG	描述
PCG64	O'Neill 置换同余生成器的 128 位实现
MT19937	梅森龙卷风伪随机数生成器
Philox	基于 64 位计数器的 PRNG，使用较弱（但更快）的加密函数版本
SFC64	Chris Doty-Humphrey 的少量、快速、无序的 PRNG 实现

在误差传播中，当式 10.6 或其修正形式，即式 10.7 不方便求解时，蒙特卡洛方法是可

以纳入考虑范围的成熟技术。

回想一下式 10.6 的应用基于以下强有力的假设:(1)变量的误差所涉及的误差统计不相关;(2)所涉及的变量相互独立;(3)与均值相比,误差必须足够小。但当式 10.6 或式 10.7 中的导数很难或根本无法求解时,就会出现一个更困难的问题。不过,这个问题可以用数值法来解决,比如,蒙特卡洛误差传播。关于蒙特卡洛方法的详细说明超出了本书范围,因此在这里,我会将后续讨论的内容局限于两个变量之和受正态分布误差影响的这种非常简单的前提下(见代码清单 10.15 和图 10.13)。代码清单 10.15 中的示例突出了蒙特卡洛方法在误差传播中的强大性能和便捷性。如代码清单 10.15 所示,在为每个参数定义一个样本分布后(第 11 行和第 12 行),蒙特卡洛误差传播可以在一行代码(即第 20 行)中完成,除了主要的公式(在我们的例子中是求和)之外,不需要使用其他任何公式。

代码清单 10.15　蒙特卡洛方法的误差传播

```
 1  import numpy as np
 2  import matplotlib.pyplot as plt
 3
 4  def gaussian(x, mean, std):
 5      return 1/(np.sqrt(2*np.pi*std **2))*np.exp( -0.5*(((x - mean)
        **2) /(std **2)))
 6
 7  my_a, my_sigma_a = 40, 8
 8  my_b, my_sigma_b = 20, 2
 9
10  n = 10000
11  a_normal = np.random.default_rng().normal(my_a, my_sigma_a, n)
12  b_normal = np.random.default_rng().normal(my_b, my_sigma_b, n)
13
14  # Linearized Method
15  my_sum_ab_l, my_sigma_sum_ab_l = sum_ab(a=my_a, b=my_b, sigma_a=
        my_sigma_a, sigma_b=my_sigma_b)
16  my_x = np.linspace(20, 100, 1000)
17  my_sum_ab_PDF = gaussian(x=my_x, mean=my_sum_ab_l, std=
        my_sigma_sum_ab_l)
18
19  # Monte Carlo estimation
20  my_sum_ab_mc = a_normal + b_normal
21  my_sum_ab_mc_mean = my_sum_ab_mc.mean()
22  my_sigma_sum_ab_mc_std = my_sum_ab_mc.std()
23
24  fig, ax = plt.subplots()
25  ax.hist(my_sum_ab_mc, bins='auto', color='#c7ddf4', edgecolor='k',
```

```
       density=True, label= r'a+b sample distribution by MC($\mu_{a
       +b} = $' + "{:.0f}".format(my_sum_ab_mc_mean) + r' - 1$\
       sigma_{a+b} = $' + "{:.0f}".format(my_sigma_sum_ab_mc_std ) + '
       )')
26   ax.plot(my_x, my_sum_ab_PDF, color='#ff464a', linestyle='--',
       label=r'a+b PDF by linearized error propagation($\mu_{a+b} =
       $' + "{:.0f}".format(my_sum_ab_l ) + r' - 1$\sigma_{a+b} = $'
       + "{:.0f}".format(my_sigma_sum_ab_l) + ')')
27   ax.set_xlabel('a + b')
28   ax.set_ylabel('Probability Density')
29   ax.legend(title='Error Propagation')
30   ax.set_ylim(0,0.07)
31
32   fig.tight_layout()
```

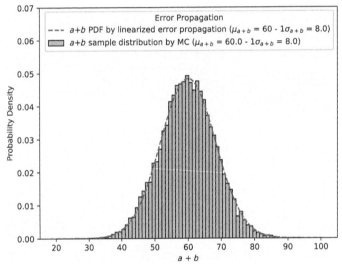

图 10.13   代码清单 10.15 的运行结果

第五部分

稳健统计与机器学习

第 11 章
稳健统计导论

11.1　经典统计法和稳健统计法

所有的统计方法和技术都是明确或含蓄地包含假设或前提的。一个被广泛采纳的假设是观测数据（即样本）服从正态（高斯）分布。这种假设是回归分析、方差分析和多元分析等大多数经典方法的基础。然而，与许多地质案例一样，尽管数据样本的主体服从正态分布，但仍存在一些数据不服从正态分布的现象。

这些非典型数据称为异常值。一个异常值就可能导致基于正态分布假设的统计方法严重失真（例如线性回归中的 King-Kong 效应）。此外，假设数据服从正态分布，但实际却偏离正态分布，那么经典检验可能会返回不可靠的结果。

定义　"当数据精确或近似服从给定分布时，统计建模和数据分析的稳健方法旨在推导产生可靠参数估计、相关检验以及置信区间的方法。"当"稳健"模型的假设（例如正态分布）能够被满足时，它应该收敛于经典方法的结果。对稳健统计的完整处理超出了本书范围，感兴趣的读者可以查阅更专业的资料。下面我会重点介绍：

（1）如何检验样本是否服从正态分布（即正态检验）；

（2）稳健描述统计；

（3）稳健线性回归；

（4）稳健统计在地球化学中的应用。

11.2 正态检验

没有标准的步骤可以确定样本是否服从正态分布。不过，合理的步骤包括：（1）对正态概率密度函数拟合的直方图进行初步定性检查（参见 9.5 节）；（2）检查分位数-分位数图（quantile-quantile plot，Q-Q 图）；（3）应用选定的正态统计检验。请注意，这个过程需要使用大量的观测数据来检测偏离正态的情况。

11.2.1 直方图和参数拟合

如 9.5 节所述，绘制概率密度直方图是一种定性确定样本分布形状的简单方法。对于正态分布，我们希望其直方图可形成一个对称的钟形曲线。

对于均值和标准差均相同的样本和正态分布，我可以通过参数拟合得到的正态概率密度函数来评估两者的差异。

例如，参考 Smith 等人报告的氧化锰（MnO）和铅（Pb）的数据集分布，铅的数据集分布明显偏离了正态分布：尾部向右延伸呈正偏度，强异常值接近 790ppm（见代码清单 11.1 和图 11.1）。而氧化锰的概率密度直方图几乎是对称的，除了接近 0.39 wt ％的单个数据点外，没有异常值。

用高斯概率密度函数（见代码清单 11.1 和图 11.1）对这两个分布进行参数拟合，证实了铅强烈偏离正态分布、氧化锰接近正态分布。

代码清单 11.1　评估样本正态分布的参数拟合分布直方图

```
1  import pandas as pd
2  import matplotlib.pyplot as plt
3  from scipy.stats import norm
4  import numpy as np
5
6  my_dataset_majors = pd.read_excel('Smith_glass_post_NYT_data.xlsx',
       sheet_name='Supp_majors')
7  my_dataset_traces = pd.read_excel('Smith_glass_post_NYT_data.xlsx',
       sheet_name='Supp_traces')
8
9  fig = plt.figure()
10
11 # MnO
12 MnO = my_dataset_majors.MnO
13
14 ax1 = fig.add_subplot(2, 1, 1)
```

```
15   ax1.hist(MnO, bins='auto', density=True, color='#4881 e9',
         edgecolor='k', label='MnO', alpha =0.8)
16   a_mean = MnO.mean()
17   std_dev = MnO.std()
18   x = np.linspace(a_mean -4* std_dev, a_mean +4* std_dev,1000)
19   pdf = norm.pdf(x, loc=a_mean, scale=std_dev)
20   ax1.plot(x, pdf, linewidth =1.5, color='#ff464a',label='Normal PDF')
21   ax1.set_xlabel('MnO [wt %]')
22   ax1.set_ylabel('Probability density')
23   ax1.legend()
24
25   #Pb
26   Pb = my_dataset_traces.Pb
27   Pb = Pb.dropna(how='any')
28   ax2 = fig.add_subplot(2, 1, 2)
29   ax2.hist(Pb, bins='auto', density=True, color='#4881 e9',
         edgecolor='k', label='Pb', alpha =0.8)
30   a_mean = Pb.mean()
31   std_dev = Pb.std()
32   x = np.linspace(a_mean -4* std_dev, a_mean +4* std_dev,1000)
33   pdf = norm.pdf(x, loc=a_mean, scale=std_dev)
34   ax2.plot(x, pdf, linewidth =1.5, color='#ff464a', label='Normal PDF')
35   ax2.set_xlabel('Pb [ppm]')
36   ax2.set_ylabel('Probability density')
37   ax2.legend()
38
39   fig.align_ylabels()
40   fig.tight_layout()
```

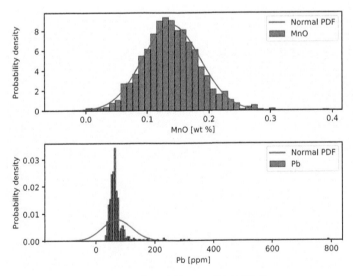

图 11.1　代码清单 11.1 的运行结果

考虑到这是一个定性分析，密度直方图和参数拟合的正态分布的图只能检测显著偏离正态分布的情况。因此，虽然我们可以肯定地说铅样本不服从正态分布，但对氧化锰样本还不能做出判断。

11.2.2 Q-Q 图

研究样本正态分布的下一步是绘制 Q-Q 图。Q-Q 图是一种图形表示，用于确定两个数据集是否来自具有相同分布特征的总体。当 Q-Q 图用于测试样本分布的正态性时，两个数据集中的一个是调查数据集，另一个是正态概率密度函数。详细地说，我们将绘制一个二元相图，其中调查数据集的分位数是相对于正态分布的分位数绘制的。

如果调查数据服从正态分布，那么这组数据标准后的分位数（减去平均值再除以标准差）大致与 1∶1 参考线的走向一致。

偏离这条参考线越远，就越能证明被调查的数据集并非来自正态分布总体。例如，图 11.2（代码清单 11.2 的结果）显示了氧化锰样本和铅样本的 Q-Q 图。正如预期的那样，铅的 Q-Q 图曲线明显偏离参考线，进一步证明该样本的非正态性。而氧化锰的 Q-Q 图显示的样本分位数与理论分位数基本一致。不过，氧化锰的 Q-Q 图中至少有一个观测数据（图 11.1 最右侧的 0.39wt%的异常值）线性偏离。那我们能假设氧化锰服从正态分布吗？回答这个问题还需要做进一步统计检验。

代码清单 11.2　氧化锰和铅的 Q-Q 图

```
1  import statsmodels.api as sm
2
3  fig = plt.figure()
4
5  ax1 = fig.add_subplot(1, 2, 1)
6  sm.qqplot(data=MnO, fit = True, line="45", ax=ax1, markerfacecolor=
       '#4881e9', markeredgewidth='0.5', markeredgecolor='k', label='MnO')
7  ax1.set_aspect('equal', 'box')
8  ax1.legend(loc='lower right')
9
10 ax2 = fig.add_subplot(1, 2, 2)
11 sm.qqplot(data=Pb, fit = True, line="45", ax=ax2, markerfacecolor=
       '#4881e9', markeredgewidth='0.5', markeredgecolor='k', label='Pb')
12 ax2.set_aspect('equal', 'box')
13 ax2.legend(loc='lower right')
14
15 fig.tight_layout()
```

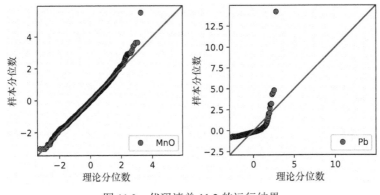

图 11.2   代码清单 11.2 的运行结果

11.2.3   统计检验

通常，正态统计检验的初始假设是样本来自正态（高斯）总体。该初始假设就是所谓的零假设 H_0。然后，检验对数据进行细化，并返回一个或多个统计参数、一个或多个阈值，以确定是否可以接受 H_0。

Shapiro-Wilk（S-W）检验是一种检验样本数据集正态性的统计方法。具体来说，S-W检验依赖于 W 参数，该参数是由样本顺序统计适当线性组合的平方除以一般的方差对称估计来确定的。W 的最大值为 1，对应于正态分布。因此，W 越接近于 1，样本就越接近正态分布。如果 W 的值很小，说明样本不服从正态分布。在实践中，如果 W 小于某个阈值，则可以拒绝零假设。

D'Agostino-Pearson（DA-P）检验通过评估两个描述性统计量（偏度、峰度）来检验正态性。具体地说，该检验估计 p，通过这两个统计量来量化样本偏离高斯分布的程度。与S-W 检验一样，如果 p 值小于某个阈值，可以拒绝零假设（即总体服从正态分布）。

Anderson-Darling（A-D）检验是 Kolmogorov-Smirnov（K-S）检验的改进。A-D 检验返回的不是 DA-P 检验中的单个 p 值，而是统计值（即一系列计算值和一系列临界值）。如果返回的统计值超过了参考临界值，则对于给定的显著性水平，数据来自所选分布（本例中的正态分布）的零假设可以被拒绝。

代码清单 11.3 展示了如何在 Python 中实现地质数据集的 S-W、DA-P 和 A-D 检验。

代码清单 11.3   对氧化锰样本进行正态统计检验

```
1    def returns_normal_tests(my_data):
2
3        from scipy.stats import shapiro, anderson, normaltest
```

```
4
5       print('--------------------------------------------')
6       print('')
7       stat, p = shapiro(my_data)
8       alpha = 0.05
9       if p > alpha:
10          print('Shapiro test fails to reject H0: looks normal')
11      else:
12          print('Shapiro test rejects H0: not normal')
13      print('')
14      stat, p = normaltest(my_data)
15      alpha = 0.05
16      if p > alpha:
17          print("D'Agostino and Pearson's test fails to reject H0: looks
    normal")
18      else:
19          print("D'Agostino and Pearson's test rejects H0: not normal")
20      print('')
21      result = anderson(my_data)
22      print('Anderson -Darling test:')
23      for sl, cv in zip(result.significance_level, result.critical_values):
24      if result.statistic < cv:
25          print('%.3f: fails to reject H0: Sample looks normal' % (sl))
26      else:
27          print('%.3f: rejects H0: Sample does not look normal' % (sl))
28      print('--------------------------------------------')
29      print('')
30
31  # Original MnO sample
32  print('Original MnO sample')
33  returns_normal_tests(MnO)
34
35  # Removing the outliers above 0.27 wt %
36  print('MnO sample without observations above 0.27 wt %')
37  MnO_no_outliers = MnO[MnO < 0.27]
38  returns_normal_tests(MnO_no_outliers)
39
40  ''' Results:
41  Original MnO sample
42  --------------------------------------------
43
44  Shapiro test rejects H0: not normal
45
46  D'Agostino and Pearson's test rejects H0: not normal
```

```
47
48   Anderson -Darling test:
49   15.000: rejects H0: Sample does not look normal
50   10.000: rejects H0: Sample does not look normal
51   5.000: rejects H0: Sample does not look normal
52   2.500: rejects H0: Sample does not look normal
53   1.000: rejects H0: Sample does not look normal
54   -------------------------------------------
55
56   MnO sample without observations above 0.27 wt %
57   -------------------------------------------
58
59   Shapiro test fails to reject H0: looks normal
60
61   D'Agostino and Pearson's test fails to reject H0: looks normal
62
63   Anderson -Darling test:
64   15.000: fails to reject H0: Sample looks normal
65   10.000: fails to reject H0: Sample looks normal
66   5.000: fails to reject H0: Sample looks normal
67   2.500: fails to reject H0: Sample looks normal
68   1.000: fails to reject H0: Sample looks normal
69   -----------------------------------------------
70   '''
```

11.3   位置和尺度的稳健估计

第 5 章介绍了样本分布的位置和尺度（或分布）的经典估计，它们是描述统计的基础。例如，样本均值和标准差可以分别作为位置和尺度的估计量。然而，异常值的存在可能会导致估计失败。在这种情况下，稳健估计是更好的选择。下面将简要介绍单变量样本分布的位置和尺度的稳健估计及其在 Python 中的实现过程。有兴趣的读者可以查阅更专业的图书进行深入了解。

11.3.1   位置的稳健估计和弱估计

在位置经典估计中，算术平均值是公认应用最多、最广泛的估计方法之一（参见第 5 章）。但是，算术平均值受异常值的影响很大。例如，Smith 等人提供的铅分布数据集，呈正偏态，且在 790 ppm 处发现一个强异常值（见图 11.3）。铅的算术平均值是 81ppm，这比大多数观测值（50～80ppm）都要高（见图 11.3）。这正是由于异常值对算术平均值的影响较大造成的。因此，在存在异常值的情况下，算术平均值被认为是位置的弱估计。

相比之下，中位数是 67ppm（见图 11.3），它处于大多数观测值的区间（50～80ppm）中心位置，相当于图 11.3 中的 bin 模型。这是因为与算术平均值相比，中位数受异常值的影响较小，因此在有异常值的情况下，中位数是一种可靠的位置估计。

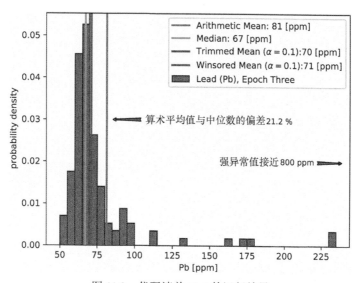

图 11.3　代码清单 11.4 的运行结果

另一种样本分布位置的稳健估计方法是切尾均值，这需要制定一个标准来丢弃一小部分最大值和最小值，该标准为：设 $\alpha \in [0,1/2]$，$m=[n\alpha]$，其中 $[\cdot]$ 返回整数部分，n 是观测总数。我们将 α-切尾均值定义为：

$$\mu_\alpha = \overline{z_\alpha} = \frac{1}{n-2m} \sum_{i=m+1}^{n-m} z_{(i)} \qquad （式 11.1）$$

其中 $z_{(i)}$ 表示有序观测值。极限情况 $\alpha=0$ 和 $\alpha \to 0.5$ 的结果分别对应于样本均值和中位数。α-缩尾均值 μ_{Wins} 与 α-切尾均值相似，但它并没有删除极值，而是将极值向大部分数据转移（见式 11.2）：

$$\mu_{\text{Wins}} = \frac{1}{n}\left(mz_{(m)} + mz_{(n-m+1)} + \sum_{i=m+1}^{n-m} z_{(i)} \right) \qquad （式 11.2）$$

m 和 $z_{(i)}$ 定义为切尾均值（即式 11.1）。在 Python 中，可以分别使用 scipy.stats 和 scipy.stats.mstats 中的 *trim_mean ()* 和 *winsorize()* 轻松估算切尾均值和缩尾均值（见代码清单 11.4 和图 11.3）。

代码清单 11.4 位置的稳健估计和弱估计

```
1   import pandas as pd
2   import numpy as np
3   from scipy.stats.mstats import winsorize
4   from scipy.stats import trim_mean
5   import matplotlib.pyplot as plt
6
7   my_dataset = pd.read_excel('Smith_glass_post_NYT_data.xlsx',
        sheet_name=1)
8
9   el = 'Pb'
10  my_sub_dataset = my_dataset[my_dataset.Epoch == 'three -b']
11  my_sub_dataset = my_sub_dataset.dropna(subset =[el])
12
13  fig, ax = plt.subplots()
14  a_mean = my_sub_dataset[el].mean()
15  median = my_sub_dataset[el]. median()
16  trimmed_mean = trim_mean(my_sub_dataset[el], proportiontocut =0.1)
17  winsorized_mean = np.mean(winsorize(my_sub_dataset[el], limits =0.1))
18
19  delta = 100 * (a_mean -median) / median
20
21  bins = np.arange(50,240,5)
22  ax.hist(my_sub_dataset[el], density=True, edgecolor='k',
        color='#4881 e9', bins=bins, label = 'Lead(Pb), Epoch Three')
23  ax.axvline(a_mean, color='#ff464a', linewidth=2, label='Arithmetic Mean:
        {:.0f} [ppm]'.format(a_mean))
24  ax.axvline(median, color='#ebb60d', linewidth=2, label='Median:
        {:.0f} [ppm]'.format(median))
25  ax.axvline(trimmed_mean, color='#8 f10b3', linewidth=2, label=r'Trimmed
        Mean ($\alpha = 0.1$):' + '{:.0f} [ppm]'.format(trimmed_mean))
26  ax.axvline(winsorized_mean, color='#07851e', linewidth=2, label=r'
        Winsored Mean ($\alpha = 0.1$):' + '{:.0f} [ppm]'.format(
        winsorized_mean))
27
28  ax.set_xlabel(el + " [ppm]")
29  ax.set_ylabel('probability density')
30  ax.legend()
31  ax.annotate('Large oulier at about 800 ppm', (240, 0.02), (220, 0.02),
        ha="right", va="center", size=9, arrowprops=dict(arrowstyle=
        'fancy'))
32  ax.annotate('Deviation of the arithmetic\nmean from the median:
        {:.1f} %'.format(delta), (a_mean + 3, 0.03), (a_mean + 25, 0.03),
        ha="left", va="center", size=9, arrowprops=dict(arrowstyle='fancy'))
```

11.3.2 尺度的稳健估计和弱估计

第 5 章还介绍了样本分布中的尺度这一主要估计量。范围是较弱的尺度估计之一，此外，标准差受异常值的影响很大（见图 11.4）。第 5 章中讨论的一个尺度估计是四分位距（见图 11.4），详见代码清单 11.5。在这里，我介绍另一个关于中位数的稳健尺度估计"中位数绝对偏差"（media absolute deviation, MAD），它的定义为：

$$MAD(z) = MAD(z_1, z_2, \cdots, z_n) = Me\{|z - Me(z)|\} \qquad （式 11.3）$$

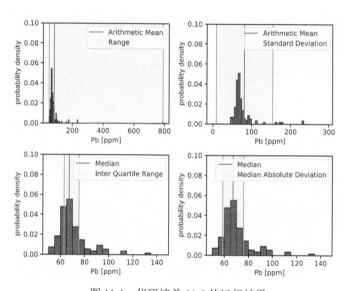

图 11.4　代码清单 11.5 的运行结果

MAD 的计算使用两次样本中位数，首先估计数据集的位置（即 $Me(z)$），然后计算从估计位置（即 $\{|z - Me(z)|\}$）得到的绝对残差的样本中位数。为了比较 MAD 与 σ，对 MAD 进行归一化（MAD_n）：

$$MAD_n(z) = \frac{MAD(z)}{0.6745} \qquad （式 11.4）$$

代码清单 11.5　尺度的稳健估计和弱估计

```
1  import pandas as pd
2  import numpy as np
3  from scipy import stats
4  import matplotlib.pyplot as plt
5
```

```
 6  my_dataset = pd.read_excel('Smith_glass_post_NYT_data.xlsx',
        sheet_name =1)
 7  el = 'Pb'
 8  my_sub_dataset = my_dataset[my_dataset.Epoch == 'three -b']
 9  my_sub_dataset = my_sub_dataset.dropna(subset =[el])
10  a_mean = my_sub_dataset[el].mean()
11  median = my_sub_dataset[el]. median()
12  range_values = [my_sub_dataset[el].min(), my_sub_dataset[el].max()]
13  std_dev_values = [a_mean - my_sub_dataset[el].std(), a_mean +
        my_sub_dataset[el].std()]
14  IQR_values = [np.percentile(my_sub_dataset[el], 25, interpolation = '
        midpoint'), np.percentile(my_sub_dataset[el], 75, interpolation =
        'midpoint')]
15  MADn_values = [median - stats.median_abs_deviation(my_sub_dataset[el],
        scale='normal'), median + stats.median_abs_deviation(my_sub_dataset[
        el], scale='normal')]
16
17  scales_values = [range_values, std_dev_values, IQR_values, MADn_values]
18  scale_labels = ['Range', 'Standard Deviation', 'Inter Quartile Range',
        'Median Absolute Deviation']
19  locations = [a_mean, a_mean, median, median]
20  location_labels = ['Arithmetic Mean', 'Arithmetic Mean', 'Median', '
        Median']
21  binnings = ['auto', np.arange(0,300,5),np.arange(50,150,5),np.arange
        (50,150,5)]
22  indexes = [1,2,3,4]
23
24  fig = plt.figure(figsize =(8,6))
25  for scale_values, location, scale_label, location_label, bins, index in
        zip(scales_values, locations, scale_labels, location_labels,
        binnings, indexes):
26      ax = fig.add_subplot(2, 2, index)
27      ax.hist(my_sub_dataset[el], density=True, edgecolor='k', color=
        '#4881e9', bins=bins)
28      ax.axvline(location, color='#ff464a', linewidth=1, label=
        location_label)
29      ax.axvline(scale_values[0], color='#ebb60d')
30      ax.axvline(scale_values[1], color='#ebb60d')
31      ax.axvspan(scale_values[0], scale_values[1], alpha =0.1, color=
        'orange', label=scale_label)
32      ax.set_xlabel(el + " [ppm]")
33      ax.set_ylabel('probability density')
34      ax.set_ylim(0, 0.1)
35      ax.legend(loc = 'upper right')
36  fig.tight_layout()
```

选择归一化 MAD 的原因是，0.6745 是标准正态随机变量的中位数绝对偏差，因此变量 $N(\mu, o)$ 满足 $\mathrm{MAD}_n = \sigma$。在 Python 中，调用 *scipy.stats.median_abs_deviation()* 可以轻松地计算 MAD。为了计算式 11.4 定义的 MAD_n，需要在调用 *mediam_abs_deviation()* 函数时将 *scale* 参数设置为 "normal"。

11.3.3　位置和尺度的联合稳健估计

Huber 于 1966 年提出的位置与尺度联合稳健估计（即 "Huber's proposal 2"）由具有两个未知参数 $\hat{\mu}$ 和 $\hat{\sigma}$ 的位置-离散模型的解组成：

$$\sum_{i=1}^{n}\psi\left(\frac{x_1 - \hat{\mu}}{\hat{\sigma}}\right) = 0$$

$$\sum_{i=1}^{n}\psi^2\left(\frac{x_1 - \hat{\mu}}{\hat{\sigma}}\right) = (n-1)\beta$$

（式 11.5）

其中 $\hat{\mu}$ 和 $\hat{\sigma}$ 分别是 μ 和 σ 的最大似然估计。在 Python 中，Huber's proposal 2 由 *statsmodels.robust.scale.Huber()* 函数实现。默认情况下，它使用 Huber 's T 作为 ψ，但也可以选择其他的 ψ（例如 Hampel 17A、Ramsay 's Ea 等）（参见代码清单 11.6 和图 11.5）。

代码清单 11.6　位置和尺度的联合稳健估计（即 "Huber's proposal 2"）

```
1   import pandas as pd
2   import numpy as np
3   import statsmodels.api as st
4   import matplotlib.pyplot as plt
5
6   my_dataset = pd.read_excel('Smith_glass_post_NYT_data.xlsx',
        sheet_name =1)
7   el = 'Pb'
8
9   my_sub_dataset = my_dataset[my_dataset.Epoch == 'three -b']
10  my_sub_dataset = my_sub_dataset.dropna(subset =[el])
11
12  norms = [st.robust.norms.HuberT(t=1.345), st.robust.norms.Hampel(a=
        2.0, b=4.0, c=8.0)]
13  loc_labels = [r"HuberâŁ™s T function", r"Hampel function"]
14  indexes = [1,2]
15
16  fig = plt.figure(figsize =(6,6))
17
18  for norm, loc_label, index in zip(norms, loc_labels, indexes):
19
```

```
20      huber_proposal_2 = st.robust.Huber(c= 1.5, norm = norm)
21      h_loc, h_scale = huber_proposal_2(my_sub_dataset[el])
22      ax = fig.add_subplot(2, 1, index)
23      bins = np.arange(50,250,5)
24      ax.hist(my_sub_dataset[el], density = True, edgecolor='k',
        color='#4881 e9', bins=bins)
25      ax.axvline(h_loc, color = '#ff464a', linewidth = 2, label=
        loc_label + " as $\psi$: location at {:.1f} [ppm]".format(h_loc))
26      ax.axvline(h_loc + h_scale, color = '#ebb60d')
27      ax.axvline(h_loc - h_scale, color = '#ebb60d')
28      ax.axvspan(h_loc + h_scale, h_loc - h_scale, alpha =0.1, color=
        'orange', label="Huber's estimation for the scale: {:.1f} [ppm]
        ".format(h_scale))
29      ax.set_xlabel(el + " [ppm]")
30      ax.set_ylabel('probability density')
31      ax.set_ylim(0, 0.1)
32      ax.legend(loc = 'upper right')
33      ax.annotate('Large oulier at about 800 ppm', (253, 0.04),
        (230,0.04), ha='right', va='center', size=9, arrowprops=
        dict(arrowstyle='fancy'))
34  fig.tight_layout()
```

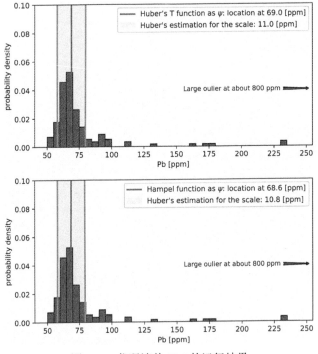

图 11.5　代码清单 11.6 的运行结果

11.4 地球化学中的稳健统计

本节将介绍关于在地球化学中使用稳健统计的主要结论。例如，Reimann 和 Filzmoser 认为，区域地球化学和环境调查的大型数据集中，大多数变量既不服从正态分布，也不服从对数正态分布。

即使经过正态分布数据集转换后，这些数据集中的许多数据仍不服从正态分布。通常，Reimann 和 Filzmoser 研究的分布是倾斜的，且包含异常值。Reimann 和 Filzmoser 认为，在处理区域地球化学和环境数据时，正态分布或对数正态分布是例外，而不是普遍规律。Reimann 和 Filzmoser 研究的结论对地球化学和环境数据的进一步统计处理有重要意义，大多数统计都需要一种稳健的方法。

为什么地球化学和环境数据不服从正态分布? Reimann 和 Filzmoser 认为地球化学和环境数据具有空间依赖性，而空间相关数据通常不服从正态分布。此外，接近检测极限的微量元素数据通常会被截断，这意味着大量观测结果并没有获取到相应的真实测量值。此外，随着元素浓度的降低，分析测定的精度会下降，因此当接近检测极限时，数值的精度会降低。因此，区域地球化学和环境调查的大型数据集通常包含异常值，这可能归因于分析的问题，或是数据主体以外的部分。

表 11.1 所示是对 Reimann 和 Filzmoser 研究的改进，列出了常用的统计学参数、检验和多元方法，以及它们对区域地球化学和环境数据的适用性，这些数据既不服从正态分布，也不服从对数正态分布。

表 11.1 稳健统计在地球化学中的应用（由 Reimann 和 Filzmoser 的研究改进而来）

统计学参数	建议	此处是否适用
算术平均数	只在特殊情况下使用	是
几何平均数	可以使用，但在某些情况下会出现问题	是
中位数	应当作为位置估计的首选	是
Hampel 或 Huber 平均数	可以使用	是
离差	**建议**	**此处是否适用**
标准偏差	如果数据存在异常值，不应该使用	是
中位数偏差	可以使用	是
Hinge 传播	可以使用	否
稳健传播	可以使用	是

续表

均值和方差检验	建议	此处是否适用
t-检验	不应该使用	否
F-检验	不应该使用	否
有凹凸的箱线图	可以使用，非常简单且快速	是
非参数测试	可以使用	是
稳健测试	可以使用	否

多元方法	建议	此处是否适用
相关分析	不应该与初始（未转换的）数据一起使用	是
回归分析	不应该与初始（未转换的）数据一起使用	是
稳健回归分析	可以使用，尤其是经过日志转换的数据	否
非参数回归	可以使用，尤其是经过日志转换的数据	是
主成分分析（PCA）	对外围观察非常敏感，不应该使用	否
稳健的主成分分析（PCA）	可以使用，尤其是经过日志转换的数据	否

第 12 章
机器学习

12.1　地质学中的机器学习导论

机器学习（machine learning, ML）属于人工智能（artificial intelligence, AI）领域，使用算法和方法对大数据进行模式检测，用于预测未来趋势、分类或其他战略决策。

在过去 20 年里，机器学习领域的发展取得了显著成果，从一种"小众方法"发展成了一种广泛、科学且商业化应用的强大技术。目前，机器学习应用于语音识别、计算机视觉、机器人操控和自然语言处理等多个领域。理论上，任何具有足够多的输入样本和特征描述的复杂问题都可以用机器学习来处理。在过去的 10 年里，许多学者开始研究机器学习方法在地球科学中的应用。本节将介绍 Python 中机器学习的基础知识，并重点介绍地球科学领域的一个研究案例。

机器学习应用程序的一个共同特征是，它们不是为了处理先验定义的概念模型而开发的，而是试图通过所谓的学习过程来揭示大数据的复杂性。这一过程的目标是将经验转化为"专业知识"或"常识"。请注意，这类似于人类从过去的经验中学习的方式。

例如，孩子们通过观察周围的世界来学习字母表、发音，开始写字母、单词或短语。然后，在学校里，他们学习字母表的含义，组合不同的字母。类似地，机器学习算法的经验来自训练数据，输出的是学习到的专业知识，例如可以执行特定任务的模型。

广义上讲，机器学习过程可以分为两个主要方向：（1）非监督学习；（2）监督学习。在非监督学习中，训练集由多个输入向量或数组组成，没有相应的目标值。而在监督学习中，训练集是被标记过的，意味着监督学习算法通过示例进行学习。

图 12.1 展示了一个由 Petrelli 和 Perugini 修改而来的流程，描述了机器学习的主要操作

（分类、聚类、回归和降维），以及它们在解决典型矿物学和岩石学问题中的潜在用途。如图 12.1 所示，使用机器学习需要大量有效数据（理想情况下超过 50 个）。图 12.1 所示的流程的主要目的是确定哪种机器学习处理方法更适合某一问题（分类、聚类、回归或降维）。这一流程需要在研究过程中针对问题的性质做出一系列选择。

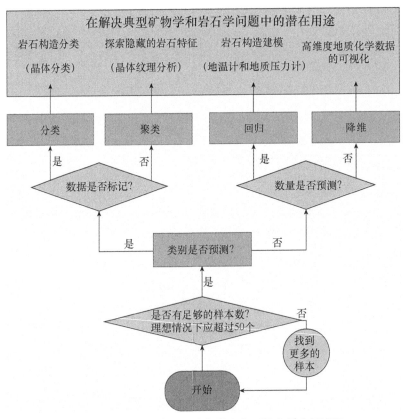

图 12.1 机器学习技术在矿物学和岩石学中的应用流程

　　如果问题涉及类别，则需要在已标记的数据和未标记的数据之间进行选择。如果对学习数据进行标记，则训练过程受到监督，归为"分类"问题。岩石学分类问题之一就是使用地球化学数据识别岩石构造。如果训练数据没有标记，则归为"聚类"问题。20 世纪 80 年代，岩石学开始进行聚类分析研究。例如，Le Maitre 讨论了岩石学中聚类的基础知识。若问题不涉及类别，则要确定是否必须预测数量。如果是，就涉及"回归"问题。Petrelli 等人提供了机器学习回归在岩石学中的应用实例。最后，如果我们不用预测数量，那就涉及"降维"问题。降维在如高维地质数据可视化的背景中特别有用。

12.2　Python 中的机器学习

为了介绍机器学习技术在地球科学中的应用，我将使用 Scikit-learn。Scikit-learn 是一个 Python 库，包含各种先进的机器学习算法。这个程序包可以通过 Python 这种高级的通用语言，让非专业人士也开展机器学习。Scikit-learn 是一个可以解决地球科学在聚类、回归、降维和分类等方面（见图 12.1）的问题的强大工具。其他用于机器学习应用程序开发的 Python 库还有 TensorFlow、Keras 和 PyTorch 等。

12.3　机器学习在地质学中的研究案例

确定火山管道系统喷发前的温度和储存深度是岩石学和火山学中的一个基本问题。迄今为止，地质温度计和气压计的发展都基于岩浆系统的热力学特征，它们被广泛应用于估计岩浆喷发前的温度和储存深度。根据 Petrelli 等人的研究，CPX 温度计和气压计的常规校准程序包括 5 个主要步骤：

（1）辨识与熵和体积剧烈变化有关的化学平衡；

（2）检索已知 T 和 P 的稳健统计数据集（例如 LEPR 数据集）；

（3）通过化学分析确定 CPX 成分；

（4）定义回归过程；

（5）模型检验。

2020 年，Petrelli 等人基于熔融斜辉石和单斜辉石化学，提出了一种新的机器学习方法，该方法可用来反演岩浆喷发前的温度和储存深度。由 Petrelli 等人提出的机器学习方法与经典方法的初始基础步骤相同，但机器学习方法并非基于先验定义的模型，因此允许算法检索熵和体积发生变化的元素。经典方法和机器学习方法之间的主要区别是什么？简言之，经典方法基于一个简化的热力学框架，该框架提供了实验数据的拟合方程（通常使用线性回归），而机器学习方法基于一种统计关系，该统计关系将 CPXs（或者 CPX-melt couples）的化学变化与目标变量（即 P 和 T）联系起来，而不一定提供热力学框架。与图 12.1 中的研究流程一致，Petrelli 等人的研究属于回归机器学习法。

12.3.1　用于训练的实验数据

Petrelli 等人用来训练模型的实验数据由 1403 种实验性生产的单斜辉石组成，且不同硅酸盐熔体成分的压力和温度范围分别为 0.001～40 kbar 和 952～1883 K。Petrelli 等人采用熔体（SiO_2、TiO_2、Al_2O_3、FeO_t、MnO、MgO、CaO、Na_2O、K_2O、Cr_2O_3、P_2O_5、H_2O）和斜辉石（SiO_2、TiO_2、Al_2O_3、FeO_t、MnO、MgO、CaO、Na_2O、K_2O、Cr_2O_3）的主要元素作为输入参数。通过代码清单 12.1、图 12.2、图 12.3 导入并可视化来自 Petrelli 等人的训练数据。

代码清单 12.1　导入并可视化来自 Petrelli 等人的训练数据

```
1   import numpy as np
2   import pandas as pd
3   import matplotlib.pyplot as plt
4   import seaborn as sns
5   from sklearn.preprocessing import StandardScaler
6   from sklearn.ensemble import ExtraTreesRegressor
7   from sklearn.metrics import mean_squared_error
8   from sklearn.metrics import r2_score
9
10  # Import The Training Data Set
11  my_training_dataset = pd.read_excel('
        GlobalDataset_Final_rev9_TrainValidation.xlsx',
        usecols = "A:M,O:X,Z:AA", skiprows =1, engine='
        openpyxl')
12  my_training_dataset.columns = [c.replace('.1', 'cpx
        ') for c in my_training_dataset.columns]
13  my_training_dataset = my_training_dataset.fillna(0)
14
15  train_labels = np.array([ my_training_dataset.
        Sample_ID ]).T
16  X0_train = my_training_dataset.iloc[:, 1:23]
17  Y_train = np.array([ my_training_dataset.T_K]).T
18
19  fig = plt.figure(figsize =(8,8))
20  x_labels_melt = [r'SiO$_2$', r'TiO$_2$', r'
        Al$_2$O$_3$', r'FeO$_t$', r'MnO', r'MgO', r'CaO
        ', r'Na$_2O$', r'K$_2$O', r'Cr$_2$O$_3$', r'
        P$_2$O$_5$', r'H$_2$O']
21  for i in range(0,12):
22      ax1 = fig.add_subplot(4, 3, i+1)
23      sns.kdeplot(X0_train.iloc[:, i],fill=True,
```

```
        color='k', facecolor='#c7ddf4', ax = ax1)
24      ax1.set_xlabel(x_labels_melt[i] + ' [wt. %] the
        melt')
25  fig.align_ylabels()
26  fig.tight_layout()
27
28  fig1 = plt.figure(figsize =(6,8))
29  x_labels_cpx = [r'SiO$_2$', r'TiO$_2$', r'
        Al$_2$O$_3$', r'FeO$_t$', r'MnO', r'MgO', r'CaO
        ', r'Na$_2O$', r'K$_2$O', r'Cr$_2$O$_3$ ']
30  for i in range(0,10):
31      ax2 = fig1.add_subplot(5, 2, i+1)
32      sns.kdeplot(X0_train.iloc[:, i+12], fill=True,
        color='k', facecolor='#c7ddf4', ax = ax2)
33      ax2.set_xlabel(x_labels_cpx[i] + ' [wt. %] in
        cpx')
34  fig1.align_ylabels()
35  fig1.tight_layout()
```

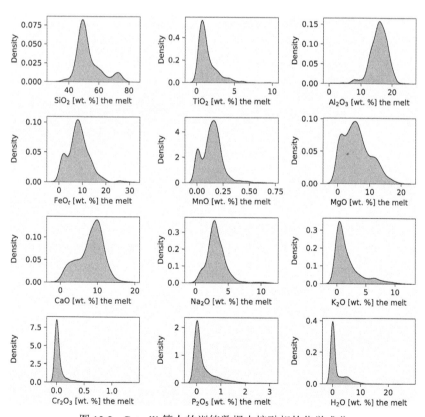

图 12.2 Petrelli 等人的训练数据中熔融相的化学成分

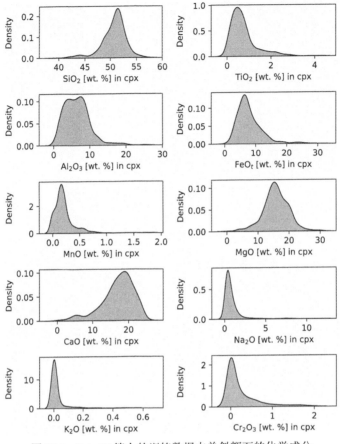

图 12.3　Petrelli 等人的训练数据中单斜辉石的化学成分

12.3.2　标准化

许多机器学习评价需要用到标准化的数据。例如，许多机器学习算法会假设所有的特征都以 0 为中心且方差一致。如果一个特征的方差大于其他特征几个数量级，那么它可能会起到主导作用，阻碍算法正确学习其他特征。归一化数据最简单的方法之一是将观测值减去均值并按单位方差缩放（式 12.1）：

$$\tilde{x}_e^i = \frac{x_e^i - \mu^e}{\sigma_p^e} \qquad (式 12.1)$$

这里的 $\tilde{x}_e^i$ 和 x_e^i 分别指的是元素 e（例如 SiO_2、TiO_2 等）在化学分析样本分布变换后的形式和原始的形式，μ^e 是平均值，σ_p^e 是标准差。

Scikit-learn 通过 *sklearn.preprocessing.StandardScaler()* 实现式 12.1，这是一组方法集（即函数），用于缩放训练数据和未知样本。

此外，Scikit-learn 中配备了额外的 scaler 和 transformer，可分别用于线性变换和非线性变换。例如，*MinMaxScaler()* 可以在 0 和 1 之间缩放属于数据集的所有特征。表 12.1 总结了 Scikit-learn 中可用的、主要的 scaler 和 transformer。

表 12.1　Scikit-learn 中的 scaler 和 transformer（描述摘自 Scikit-learn 的官方文档）

scaler	描述
sklearn.preprocessing.StandardScaler()	通过去除平均值和缩放到单位方差来标准化特征（式 12.1）
sklearn.preprocessing.MinMaxScaler()	通过将每个特征缩放到给定范围来转换特征，默认范围是[0,1]
sklearn.preprocessing.RobustScaler()	使用对异常值具有健壮性的统计来衡量特征。该缩放方法删除中值并根据分位数范围缩放数据。默认的分位数范围是四分位数之间
transformer	描述
sklearn.preprocessing.PowerTransformer()	应用幂变换（一组参数化的单向变换）使变换后的数据更趋向于高斯分布。在撰写本书时，PowerTransformer()已支持 Box-Cox 变换和 Yeo-Johnson 变换
sklearn.preprocessing.QuantileTransformer()	使用分位数信息变换特征。使用这种方法变换特征，使变换后的数据服从均匀或正态分布。因此，对于一个给定的特征，这种变换倾向于展开出现最频繁的值。它还减小了（边缘）异常值的影响，因此它是一种稳健的预处理方案

QuantileTransformer() 可以进行非线性变换，用于缩小边缘异常值和正常值之间的距离。当数据被映射为正态分布以稳固方差和最小化偏态时，可以通过 *PowerTransformer()* 进行非线性变换。

Petrelli 等人使用 *StandardScaler()* 处理数据。为了更好地理解，请参考代码清单 12.2 的第 1 行和第 2 行，它们展示了如何将 *StandardScaler()* 应用于图 12.2 和图 12.3 中的数据。

代码清单 12.2　将 *StandardScaler()* 应用于图 12.2 和图 12.3 中的数据

```
1  scaler = StandardScaler().fit(X0_train)
2  X_train = scaler.transform(X0_train)
3
4  fig2 = plt.figure(figsize =(8,8))
```

```
 5  for i in range(0,12):
 6      ax3 = fig2.add_subplot(4, 3, i+1)
 7      sns.kdeplot(X_train[:, i],fill=True, color='k',
        facecolor='#ffdfab', ax = ax3)
 8      ax3.set_xlabel('scaled' + x_labels_melt[i] + '
        the melt')
 9  fig2.align_ylabels()
10  fig2.tight_layout()
11
12  fig3 = plt.figure(figsize =(6,8))
13  for i in range(0,10):
14      ax4 = fig3.add_subplot(5, 2, i+1)
15      sns.kdeplot(X_train[:, i+12], fill=True, color='
        k', facecolor='#ffdfab', ax = ax4)
16      ax4.set_xlabel('scaled' + x_labels_cpx[i] + '
        in cpx')
17  fig3.align_ylabels()
18  fig3.tight_layout()
```

此外，图 12.4 和图 12.5 分别显示了在代码清单 12.2 中调用 *StandardScaler()* 处理熔体和斜辉石数据的结果。

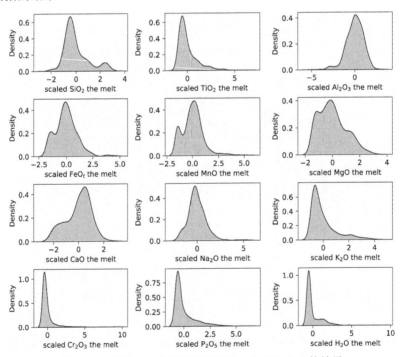

图 12.4　对图 12.2 中的数据应用 StandardScaler() 的结果

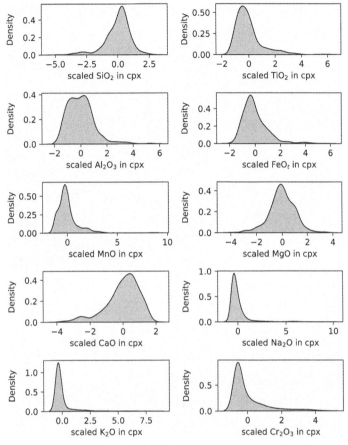

图 12.5　图 12.3 中的数据应用 *StandardScaler()* 的结果

　　零均值和单位方差为所有要素（每种化学元素的氧化物）的特征。请注意，在 12.3.3 小节中将会介绍的基于树形结构的方法，以及此处作为地质学中的机器学习代理器并不严格要求标准化。然而，标准化有助于数据可视化，并且在对比不同算法处理相同问题时的尺度敏感性非常有效。一般来说，依赖于预测因子的距离测量算法需要标准化。

12.3.3　训练和测试模型

　　类似于人类从经验中学习，机器学习算法从数据中学习。缩放训练数据的作用是为机器学习算法提供学习经验。

　　为在研究过程中找到问题的最佳回归器，Petrelli 等人评估了许多机器学习方法。根据他们的结果，最佳回归器包括单一决策树、随机森林、梯度增强、极端随机树和 *k*-近邻。这些回归器是如何工作的？

单一决策树。单一决策树模型将特征空间划分为一组区域，然后在每个区域中拟合一个简单模型。要理解决策树模型如何处理回归问题，请参考如下由 Zhang 和 Haghani 提供的示例。该示例具有一个连续因变量 Y 和两个独立变量 X_1 和 X_2。回归的第一步，将 X_1 和 X_2 定义的空间分成两个区域，并分别对每个区域中的因变量 Y（Y 的平均值）进行建模。接下来，重复该步骤，再将每个区域一分为二，直到结果满足预先设定的规则后停止。在每次划分区域的过程中，通过变量和分割点的选择来实现最佳拟合。单一决策树算法奠定了随机森林、梯度增强和极端随机树的基础。

随机森林。随机森林算法综合了两个已有的机器学习原理：Breiman 的"bagging"预测器和特征的随机选择。bagging 是一种生成多版本预测因子并形成聚合预测因子的方法。通过不断自主学习，学习的结果也不断更替，形成多个版本。在随机森林算法中，bagging 预测器为训练模型生成不同的子数据集。对于样本大小为 n 的给定训练集，bagging 对原始训练集进行统一替换抽样，生成 k 个新的训练集，且每个新训练集的样本大小为 n。通过替换抽样（即 bootstrapping），一些观测值在生成的样本中多次出现，而其他观测值则被遗漏。接下来，通过使用新创建的 k 个训练集训练 k 个基础模型，并通过回归平均或分类投票来耦合。在其他文献中可以找到随机森林算法的详细描述。

梯度增强。与 bagging 预测器不同，boosting 方法循序创建基本模型。梯度增强算法会循序开发多个模型，聚焦难以估计的训练示例，以逐步提高预测能力。这个过程中的一个关键特征是，先前基础模型很难估计的示例在训练数据中出现的频率比正确估计的示例要高。因此，每个连续基础模型都在试图降低前面模型产生的误差。有关梯度增强算法的详细说明，请参阅相关资料。

极端随机树。极端随机树算法利用 Geurts 等人提出的自上而下的方法构建回归树集合。与其他基于树形结构的集成算法相比，该算法的主要特点在于：（1）它通过选择完全随机的分割点来分割节点；（2）它使用的不是 bootstrapping 的副本，而是整个学习样本。它有两个主要参数：在每个节点上随机选择的属性数量和分割节点的最小样本大小。它通过多次使用（完整的）原始学习样本来生成集成模型。树形的预测被聚合起来产生最终预测——在分类问题中通过多数投票得到，在回归问题中通过算术平均得到。已有相关资料中给出了极端随机树算法的完整描述。

k-近邻。k-近邻是一种简单的算法，它收集所有可用的情况，并基于相似性估计（如距离函数）来预测数值目标。具体地说，它通常使用 k-近邻的反距离加权平均。每个训练对象的权重可以统一，也可以使用核函数计算，这取决于它与测试对象之间的差距（而不是相似性）。请注意，单个邻域的预测只是最近邻域的目标值。欧几里得距离通常用于度量两个对象之间的距离。有关 k-近邻算法的详细说明，请参阅相关文献。

表 12.2 列出了单一决策树、随机森林、梯度增强、极端随机树和 k-近邻的 scikit-learn 实现方法。

表 12.2 Petrelli 等人提出的机器学习回归器及其实现方法

算法	基于 scikit-learn 的实现方法
单一决策树	class sklearn.tree.DecisionTreeRegreesor()
随机森林	class sklearn.ensemble.RandomForestRegressor()
梯度增强	class sklearn.ensemble.GradientBoostingRegressor()
极端随机树	class sklearn.ensemble.ExtraTreesRegressor()
k-近邻	class sklearn.neighbors.KNeighborsRegressor()

使用 scikit-learn 可以很容易地完成训练和测试过程，如代码清单 12.3 所示。按照以下步骤进行：

（1）定义和训练算法（在我们的例子中是极端随机树算法，见第 2 行和第 5 行）；

（2）导入测试数据，并按照训练数据的规则对其进行缩放（第 8～17 行）；

（3）预测测试集（第 20 行）；

（4）选择一个或多个结果评估指标（第 23 行和第 24 行）；

（5）评估图 12.6 所示结果（第 27～33 行）。

代码清单 12.3 训练和测试极端随机树算法来预测温度

```
 1  # Define the regressor, in our case the Extra Tree
        Regressor
 2  regr = ExtraTreesRegressor(n_estimators =550,
        criterion='mse', max_features =22, random_state
        =280) # random_state fixed for reproducibility
 3
 4  # Train the model
 5  regr.fit(X_train, Y_train.ravel())
 6
 7  # Import the test data set
 8  my_test_dataset = pd.read_excel('
        GlobalDataset_Final_rev9_Test.xlsx', usecols =
        "A:M,O:X,Z:AA", skiprows =1, engine='openpyxl')
 9  my_test_dataset.columns = [c.replace('.1', 'cpx')
        for c in my_test_dataset.columns]
10  my_test_dataset = my_test_dataset.fillna(0)
```

```
11
12  X0_test = my_test_dataset.iloc[:, 1:23]
13  Y_test= np.array([ my_test_dataset.T_K]).T
14  labels_test = np.array([ my_test_dataset.Sample_ID ]).T
15
16  # Scale the test dataset
17  X_test_scaled = scaler.transform(X0_test)
18
19  # Make the prediction on the test data set
20  predicted = regr.predict(X_test_scaled)
21
22  # Evaluate the results using the R2 and RMSE
23  r2 = r2_score(Y_test, predicted)
24  rmse = np.sqrt(mean_squared_error(predicted, Y_test))
25
26  # Plot data
27  fig, ax = plt.subplots(figsize =(6,6))
28  ax.plot([1050,1850],[1050,1850], c='#000000',
          linestyle='--')
29  ax.scatter(Y_test,predicted, color='#ad1010',
          edgecolor='#000000', label=r"
          ExtraTreesRegressor - R$^2$=" + "{:.2f}".format
          (r2) + " - RMSE="+ "{:.0f}".format(rmse) +" K")
30  ax.legend()
31  ax.axis('scaled')
32  ax.set_xlabel('Expected Temperature values [K]')
33  ax.set_ylabel('Predicted Temperature values [K]')
```

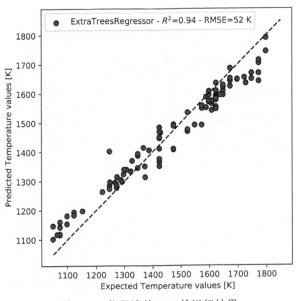

图 12.6　代码清单 12.3 的运行结果

附录 A
面向地质学家的 Python 包和资源

Python 是一种广泛使用的编程语言，从事地球科学相关工作的开发人员已经创建了许多数据库和资源包来解决地质学问题。例如，在 Awesome Open Geoscience 知识库和美国地球物理联盟水文学生委员会（American Geophysical Union Hydrology Section Student Subcommittee, AGU-H3S）的一篇博客中列出了许多按应用领域划分的 Python 项目。此外，《Python 地球动力学》（*Pythonic Geodynamics*）一书（Morra，2018）也列出了几个将 Python 编程应用于地球动力学建模的例子。此外，你应该看看 Pangeo，这是一个研究人员的社区，他们共同开发了一个大数据地球科学平台。

A.1 面向地质学家的 Python 包

我在本书配套资源中提供了一个为地质学家开发的 Python 库的列表。

A.2 面向地质学家的 Python 学习资源

通过浏览万维网，地质学家可以找到许多优秀的资源，以增加他们在 Python 编程方面的知识、提高他们在 Python 编程方面的能力。例如，美国科罗拉多大学（博尔德）地球实验室提供了许多关于将 Python 方法和技术应用于地球科学问题的课程。

许多其他大学（例如，澳大利亚墨尔本大学、挪威卑尔根大学、德国马克斯·普朗克气象研究所、澳大利亚国立大学和意大利佩鲁贾大学等）也在积极开设相关的课程（截至 2021 年 5 月），以教授地球科学家们使用 Python 编程解决专业问题。

此外，很多积极的研究人员正不断给予地质学家优秀的材料，以加强地质学家对 Python 中高级统计和计算技术的应用。

附录 B
面向对象编程导论

B.1　面向对象编程

定义　面向对象编程（object-oriented programming, OOP）是一种基于对象概念的编程范例，对象可以包含数据和代码。数据采用字段的形式（通常称为属性或性质），代码采用过程的形式（通常称为方法）。

面向对象编程的主要构建块是类和对象。

通常，类代表广泛的类别，如线上商店的商品或具有类似属性的物理对象。通过特定类创建的对象都具有相同的属性（例如颜色、大小等）。实际上，类是蓝图，而对象由类构建，包含实际数据。通过类创建新对象称为"实例化"对象。

例如，我们可以为线上商店的商品定义一个类，该类包含以下属性：颜色、大小、描述和价格。然后，我们可以实例化许多对象，每个对象都有特定的颜色、大小、描述和价格。在 Python 中定义 DataFrame 或 Figure 对象，可以使用类 *pandas.DataFrame()* 和 *matplotlib.figure. Figure()*。

类还包含函数，在面向对象编程中称为方法。方法在类中定义，并使用给定对象包含的数据执行操作或计算。例如，*var()* 和 *mean()* 是 *pandas.DataFrame()* 类的对象可用的方法。

B.2　在 Python 中定义类、属性和方法

class 后跟唯一的类名和冒号来定义一个类。按照惯例，Python 类名的单词首字母是大写的（例如 MyClass）。例如代码清单 B.1 中的代码在导入 NumPy 库后定义了一个名为 Circle

的类，该库在后续的类开发中是必需的。

代码清单 B.1　在 Python 中定义一个新类

```
1   import numpy as np
2
3   class Circle:
4       # Attributes an methods here
```

类的属性是在*__init__()*方法中定义的，该方法可以包含许多参数。但是，第一个参数总是名为"self"的变量。

例如，在代码清单 B.2 中，我们为类 Circle 定义了半径属性。

代码清单 B.2　向类添加属性

```
1   import numpy as np
2
3   class Circle:
4
5       def __init__(self, radius):
6           self.radius = radius
```

方法是类内部定义的函数，只能被从属于该特定类的对象调用。代码清单 B.3 实现了*description()*、*area()*、*circumference()*和 *diameter()*方法。

代码清单 B.3　向类添加方法

```
1   import numpy as np
2
3   class Circle:
4
5       def __init__(self, radius):
6           self.radius = radius
7
8       # my first Instance method
9       def description(self):
10          return "circle with radius equal to {:.2f}".format(self.radius)
11
12      # my secong instance method
13      def area(self):
14          return np.pi * self.radius ** 2
15
```

```
16          # my secong instance method
17          def circumference(self):
18              return 2 * np.pi * self.radius
19
20          # my tird instance method
21          def diameter(self):
22              return 2 * np.pi
```

最后，代码清单 B.4 展示了如何创建（即实例化）一个名为 my_Circle 的新 Circle 对象，输出它的描述信息并计算其面积。

代码清单 B.4 实例化 Circle 类的对象并使用它的方法（即函数）

```
1   import numpy as np
2
3   class Circle:
4
5       def __init__(self, radius):
6           self.radius = radius
7
8       # my first Instance method
9       def description(self):
10          return "circle with radius equal to {:.2f}".format(self.radius)
11
12      # my secong instance method
13      def area(self):
14          return np.pi * self.radius ** 2
15
16      # my secong instance method
17      def circumference(self):
18          return 2 * np.pi * self.radius
19
20      # my tird instance method
21      def diameter(self):
22          return 2 * np.pi
23
24
25  my_Circle = Circle(radius =2)
26
27  # Description
28  print(my_Circle.description())
29
```

```
30   # Calculate and report the area
31   my_Area = my_Circle.area()
32
33   # Reporting the area of my_Circle
34   print("The area of a {} is equal to {:.2f}".format(my_Circle.
         description(), my_Area))
```

附录 C
Matplotlib 面向对象 API

C.1 Matplotlib 应用程序接口

如 3.1 节所述，使用 Matplotlib 有两个主要的 API：

OO 样式：使用 OO 样式，你将显式定义控制图的内容和外观的对象（例如图形和坐标轴），并通过它们调用方法来绘图。

Pyplot 样式：这是 matplotlib 中最简单的绘图方法之一。使用 pyplot 样式，你可以依靠 pyplot 自动创建和管理关系图的对象，还可以使用 pyplot 函数绘图。

关于使用特定的样式，matplotlib 的官方文档中有如下声明（截至 2021 年 2 月）："Matplotlib 的文档和示例同时使用 OO 和 pyplot 两种样式（同样强大），你可以随意使用它们（然而，最好选择其中一个并坚持使用，而不是混合使用）。一般来说，我们建议将 pyplot 用于交互式绘图（例如，在 Jupyter Notebook 中），并倾向于使用 OO 样式进行非交互式绘图（用于大型项目的函数和脚本中）。"

C.2 Matplotlib 面向对象 API

正如在 1.2 节和附录 B 中所阐述的，当使用面向对象编程模式时，一切都是从类实例化而来的对象。以下描述摘自 matplotlib 官方文档。

下面列出了在 matplotlib 中控制图的主要类。

Figure：Figure 对象中嵌入整个图表，并跟踪所有子轴、图像（例如标题、图例等）和画布。一个 Figure 对象可以包含任意数量的坐标轴，通常至少包含一个。

Axes：在使用"图"一词时，通常会想到坐标轴，它是图中绘制数据的区域。一个给定的图可以承载多个坐标轴，但是一个特定的坐标轴对象只能在一个图中。

Axis：Axis 负责设置图形的界限并生成刻度（即轴上的标记）及刻度标签（即标记刻度的字符串）。刻度的位置由名为 Locator 的对象确定，而刻度标签字符串由 Formatter 格式化。调整 Locator 和 Formatter 可以很好地控制刻度线位置和标签。数据限制也可以通过坐标轴控制（*Axes.set_xlim()* 和 *axes.Axes.set_ylim()* 方法）。每个坐标轴都有标题（通过 *set_title()* 设置）、*x* 标签集（通过 *set_xlabel()* 设置）、*y* 标签集（通过 *set_ylabel()* 设置）。注意，Axes 和 Axis 是 matplotlib 中两种不同类型的类。

Artists：Artists 是在图形中可以看到的任何对象。Artists 包括 Text 对象、Line2D 对象、Collections 对象以及许多其他对象。渲染图形时，所有的 Artists 都被绘制在画布上。

C.3 使用 OO 样式微调地质图

使用 OO 样式，我们可以访问 matplotlib 中的任何类。这些类提供了许多属性和方法来调整地质图。

例如，代码清单 C.1 主要展示了如何进一步个性化本书中绘制的地质图（见图 4.2），并嵌入对官方文档的引用。对地质图的微调可以进一步提高我们作品的质量。图 C.1 所示为代码清单 C.1 的结果。

代码清单 C.1 对 matplotlib 图的进一步个性化

```
1  import matplotlib.pyplot as plt
2  import matplotlib as mpl
3  from matplotlib.ticker import MultipleLocator, FormatStrFormatter,
       AutoMinorLocator
4  import pandas as pd
5  import numpy as np
6
7  myDataset = pd.read_excel('Smith_glass_post_NYT_data.xlsx',
       sheet_name='Supp_traces')
8
9  fig, ax = plt.subplots()
10 # Figure managment
11
12
13 # Axes managment
14
15 # select your style
```

```
16
17  mpl.style.use('ggplot')
18
19  # Make the plot
20  ax.hist(myDataset.Zr, density=True, bins='auto', color='Tab:blue',
           edgecolor='k', alpha =0.8, label = 'CFC recent activity')
21
22  # Commonnly used personalizations
23  ax.set_xlabel('Zr [ppm]')
24  ax.set_ylabel('Probability density')
25  ax.set_title('Zr sample distribution')
26  ax.set_xlim(-100, 1100)
27  ax.set_ylim(0,0.0055)
28  ax.set_xlabel(r'Zr [$\mu \cdot g^{-1}$]')
29  ax.set_ylabel('Probability density')
30  ax.set_xticks(np.arange(0, 1100 + 1, 250)) # adjust the x tick
31  ax.set_yticks(np.arange(0, 0.0051, .001)) # adjust the y tick
32
33  # Major and minor ticks
34
35
36  ax.xaxis.set_minor_locator(AutoMinorLocator())
37  ax.tick_params(which='both', width =1)
38  ax.tick_params(which='major', length =7)
39  ax.tick_params(which='minor', length =4)
40
41  ax.yaxis.set_minor_locator(MultipleLocator(0.0005))
42  ax.tick_params(which='both', width =1)
43  ax.tick_params(which='major', length =7)
44  ax.tick_params(which='minor', length =4)
45
46  # Spine management
47
48
49  ax.spines["top"]. set_color("#363636")
50  ax.spines["right"]. set_color("#363636")
51  ax.spines["left"]. set_color("#363636")
52  ax.spines["bottom"]. set_color("#363636")
53
54  # Spine placement
55
56
57  # Advanced Annotations
58
59  ax.annotate("Mean Value",
60              xy =( myDataset.Zr.mean(), 0.0026), xycoords='data',
61              xytext =( myDataset.Zr.mean() + 250, 0.0035), textcoords='
        data',
62              arrowprops=dict(arrowstyle="fancy",
```

```
63                                  color="0.5",
64                                  shrinkB =5,
65                                  connectionstyle ="arc3,rad =0.3",
66                                  ),
67                      )
68
69  ax.annotate("Modal \n value ",
70              xy=(294, 0.0045), xycoords='data',
71              xytext =(0, 0.005), textcoords='data',
72              arrowprops=dict(arrowstyle="fancy",
73                              color="0.5",
74                              shrinkB =5,
75                              connectionstyle ="arc3,rad = -0.3",
76                              ),
77                      )
78
79  # Legend
80  ax.legend(title = 'My Legend')
81
82  fig.tight_layout()
```

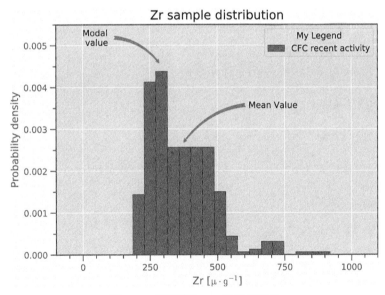

图 C.1　代码清单 C.1 的运行结果

附录 D
使用 Pandas 工具

如何使用 Pandas 工具进行常规操作

导入一个 Excel 文件:

```
1  In [1]: import pandas as pd
2
3  In [1]: myDataset = pd.read_excel('Smith_glass_post_NYT_data.xlsx'
       , sheet_name='Supp_traces')
```

导入一个 CSV 文件:

```
1  In [2]: import pandas as pd
2
3  In [2]: myDataset = MyData = pd.read_csv('DEM.csv')
```

获取列标签:

```
1  In [3]: myDataset.columns
2  Out[3]: Index(['Analysis no.', 'Strat. Pos.', 'Eruption', '
       controlcode', 'Sample', 'Epoch', 'Crater size', 'Date of
       analysis', 'Si/bulk cps', 'SiO2* (EMP)', 'Sc', 'Rb', 'Sr', 'Y'
       , 'Zr', 'Nb', 'Cs', 'Ba', 'La', 'Ce', 'Pr', 'Nd', 'Sm', 'Eu',
       'Gd', 'Tb', 'Dy', 'Ho', 'Er', 'Tm', 'Yb', 'Lu', 'Hf', 'Ta', '
       Pb', 'Th', 'U'],dtype='object')
```

获取 DataFrame 的形状（即高度和宽度）:

```
1  In [4]: myDataset.shape
2  Out[4]: (370, 37)
```

选择单个列：

```
 1  In [5]: myDataset['Rb']
 2  Out[5]:
 3  0        355.617073
 4  1        367.233701
 5  2        293.320592
 6  3        344.871192
 7  4        352.352196
 8           ...
 9  365      358.479709
10  366      405.655463
11  367      328.080366
12  368      333.859656
13  369      351.240272
14  Name: Rb, Length: 370, dtype: float64
```

或者以如下方式选择单个列：

```
 1  In [6]: myDataset.Rb
 2  Out[6]:
 3  0        355.617073
 4  1        367.233701
 5  2        293.320592
 6  3        344.871192
 7  4        352.352196
 8           ...
 9  365      358.479709
10  366      405.655463
11  367      328.080366
12  368      333.859656
13  369      351.240272
14  Name: Rb, Length: 370, dtype: float64
```

选择整个 DataFrame 的前 2 行：

```
 1  In [7]: myDataset [0:2]
 2  Out[7]:
 3  Analysis no  ....         Pb         Th          U
 4  0            ...    60.930984  35.016435   9.203411
 5  1            ...    59.892427  34.462577  10.459280
 6  [2 rows x 37 columns]
```

选择单列的前 4 行：

```
1  In [8]: myDataset['Rb'][0:4]
2  Out[8]:
3  0        355.617073
4  1        367.233701
5  2        293.320592
6  3        344.871192
7  Name: Rb, dtype: float64
```

将单列的前 4 行转换为 NumPy 数组：

```
1  Out [9]: myDataset.Rb [0:4]. to_numpy()
2  Out [9]: array([355.61707274, 367.23370121, 293.32059158,
       344.87119168])
```

选择单个单元格：

```
1  In [10]: myDataset['Rb'][4]
2  Out [10]: 352.3521959503882
```

或者，使用行和列索引选择单个单元格（注意，行和列相对于前面的例子对调）：

```
1  In [11]: myDataset.iloc [4,11]
2  Out[11]: 352.3521959503882
```

排序：

```
1  In [12]: myDataset.sort_values(by='SiO2* (EMP)', ascending=False)
2  Out[12]:
3  Analysis no    ....  SiO2* (EMP) ...   Th           U
4  228            ...   62.410000   ...   56.114101   15.548608
5  236            ...   62.410000   ...   47.402098   12.345041
6  ...            ...   ...         ...   ...          ...
7  304            ...   54.425402   ...   16.539421   5.256582
8  318            ...   54.425402   ...   16.539421   5.256582
9  [370 rows x 37 columns]
```

过滤数据的操作如下。

（1）定义一个子 DataFrame，包含 Zr 大于 400 的所有样品：

```
1  In [13]: myDataset1 = myDataset[myDataset.Zr > 400]
```

（2）定义一个子 DataFrame，包含 Zr 介于 400 到 500 之间的所有样品：

```
1  In [14]: myDataset2 = myDataset [(( myDataset.Zr > 400) &( myDataset.Zr
       < 500))]
```

管理丢失数据的操作如下。

（1）删除所有缺少数据的行：

```
1  In [15]: myDataset3 = myDataset.dropna(how='any')
2  In [16]: myDataset.shape
3  Out[16]: (370, 37) <- the original data set
4  In [17]: myDataset3.shape
5  Out[17]: (366, 37) <- 4 samples contained missing data
```

（2）用固定值（例如 5）替换丢失的数据：

```
1  In [18]: myDataset4 = myDataset.fillna(value =5)
```